ブロックチェーン
dapp & ゲーム
開発入門

Solidity による
イーサリアム分散アプリプログラミング

Kedar Iyer ／ Chris Dannen 著
久富木 隆一 訳

本書内容に関するお問い合わせについて

このたびは翔泳社の書籍をお買い上げいただき、誠にありがとうございます。弊社では、読者の皆様からのお問い合わせに適切に対応させていただくため、以下のガイドラインへのご協力をお願い致しております。下記項目をお読みいただき、手順に従ってお問い合わせください。

●ご質問される前に

弊社Webサイトの「正誤表」をご参照ください。これまでに判明した正誤や追加情報を掲載しています。

　　　正誤表　　　https://www.shoeisha.co.jp/book/errata/

●ご質問方法

弊社Webサイトの「刊行物Q&A」をご利用ください。

　　　刊行物Q&A　　　https://www.shoeisha.co.jp/book/qa/

インターネットをご利用でない場合は、FAXまたは郵便にて、下記"翔泳社 愛読者サービスセンター"までお問い合わせください。電話でのご質問は、お受けしておりません。

●回答について

回答は、ご質問いただいた手段によってご返事申し上げます。ご質問の内容によっては、回答に数日ないしはそれ以上の期間を要する場合があります。

●ご質問に際してのご注意

本書の対象を越えるもの、記述個所を特定されないもの、また読者固有の環境に起因するご質問等にはお答えできませんので、あらかじめご了承ください。

●郵便物送付先およびFAX番号

　　　送付先住所　　〒160-0006　東京都新宿区舟町5
　　　FAX番号　　　03-5362-3818
　　　宛先　　　　　（株）翔泳社 愛読者サービスセンター

※本書に記載されたURL等は予告なく変更される場合があります。
※本書の対象に関する詳細はxiページをご参照ください。
※本書の出版にあたっては正確な記述につとめましたが、著者や出版社などのいずれも、本書の内容に対してなんらかの保証をするものではなく、内容やサンプルに基づくいかなる運用結果に関してもいっさいの責任を負いません。
※本書に掲載されているサンプルプログラムやスクリプト、および実行結果を記した画面イメージなどは、特定の設定に基づいた環境にて再現される一例です。
※本書に記載されている会社名、製品名はそれぞれ各社の商標および登録商標です。

Building Games with Ethereum Smart Contracts
Intermediate Projects for Solidity Developers
by Kedar Iyer, Chris Dannen
ISBN 9781484234914

Original English language edition published by Apress, Inc. Copyright© 2018 by Apress, Inc.
Japanese-language edition copyright© 2019 by Shoeisha Co., Ltd. All rights reserved.

Japanese translation rights arranged with WATERSIDE PRODUCTIONS, Inc. through Japan UNI Agency, Inc., Tokyo

日本語版への著者序文

　本書の英語版『Building Games with Ethereum Smart Contracts』の脱稿（2018年前半）から1年が経過しています。当時からイーサリアムの価格は90%も下落し、またイーサリアムと競合するブロックチェーンであるEOSやTRONも始動しました。

　その間、ブロックチェーンをめぐる情勢は劇的に変化してきています。かつての強気の市況では通常3000万ドル（約33億円）以上を調達していたICO[注1]は、現在では投資家向けに百万ドル（約1億1000万円）を調達することすらままなりません。アプリトークン[注2]（app token）の概念はゆっくりと廃れつつあり、ERC-20[注3]トークンで最大規模のものはすべて米国ドルに紐付けられたステーブルコイン（stable coin：安定通貨）です。

　市況が弱気となっているにもかかわらず、スマートコントラクト開発言語Solidityとイーサリアムはさらに普及しており、1年前より良質なツール群がそろってきています。MakerDAO[注4]とAugur[注5]は、非中央集権化された安定通貨と予測市場とを世界中のユーザーに提供する一連の複雑なSolidityコントラクト（イーサリアム上のプログラム）を運用しており、それらのコントラクトは不変（immutable）かつ検閲不可能です。これらのdapp（分散アプリ）は両方共、過去18カ月以内にデプロイされました。さらに、イーサリアム上には30億ドル（約3300億円）を超える価値を持つ16万種類以上ものERC-20トークンが存在します[注6]。

　スケーラビリティとスループットがすべてのブロックチェーンのアキレス腱であり、それらの問題に対処する試みがこの1年でのさまざまな取り組みにおける焦点となってきました。ビットコイン方面では、MimbleWimble[注7]とLightning[注8]が、両者ともメインネットでの実装を持ち、新たな時代にふさわしいスケーラビリティを非中央集権化された決済にもたらすとの約束がなされています。

　そうした状況にもかかわらずイーサリアムについてはスケーラビリティに関する約束は実を結んではきませんでした。本書でも触れているシャーディング、プルーフ・オブ・ステー

注1　トークン（token）と呼ばれる、ブロックチェーン上の独自通貨の発行による資金調達法
注2　イーサリアムやビットコインなどの既存の一般的ブロックチェーン上に二次的に構築された、用途や対象を特定の目的やアプリに限定しているトークン
注3　イーサリアムのエコシステム上でアプリトークンを発行する場合に、トークンの利用法や所有権移転方式など、そのトークンが実装すべきルールを定めた技術的標準規格
注4　URL https://medium.com/makerdao/dai-is-now-live-ad87e34fc826
注5　URL https://medium.com/@AugurProject/augur-launches-794fa7f88c6a
注6　URL https://etherscan.io/tokens
注7　URL https://www.coindesk.com/grin-goes-live-as-mimblewimble-privacy-crypto-hits-first-transaction-block
注8　URL https://ambcrypto.com/bitcoin-btcs-lightning-network-capacity-is-now-worth-over-2-million/

ク、Plasma[注9]、Casperはすべて意味のある形では具現化せず、EOSのような高スループットを誇るブロックチェーンがイーサリアムの欠陥を補うようにして台頭してきました。スケーラビリティ拡大のためのイーサリアムにおける最新の計画は、すべてのスケーラビリティ向上策をイーサリアム2.0という名の単一のハードフォーク（hard fork：分岐版ブロックチェーン）へ結集させるというものです。イーサリアム2.0の開発は進行中であり、現在のところ2020年にリリース開始の予定です。

　本書英語版の出版以降に、Solidityはバージョン0.4から0.5へアップグレードされました。バージョン0.5には後方互換性を損なう変更が存在しますので、本書のコントラクトを実行するときには、必ずSolidityコンパイラー（solc）のバージョンを0.4.21へ設定してください[注10]。

　ゲームは、ブロックチェーン上のdappとして広く利用されてきた実績があります。CryptoKitties[注11]、サトシダイス（第11章で解説）、Fomo3D[注12]はすべてブロックチェーン技術を使ってユニークな機能を作成しています。イーサリアムによって可能になることとしては、検証可能なピラミッドスキーム（ねずみ講）の作成、証明可能な確率を持つギャンブルゲームのプレイ、第一級機能[注13]としての決済の利用などがあります。本書は、ブロックチェーン未経験の開発者がはじめてのスマートコントラクトを作成する過程での手引きとなるものです。本書が、著者自身にとってそうであったように、読者の皆さまにとってブロックチェーンと暗号通貨の刺激的な世界への入り口の役目を果たすことを願ってやみません。

注9　主要なルートブロックチェーンから、MapReduceによる並列処理の要領で、複数の子ブロックチェーンに作業を分配し作業完了後に結果を回収することにより、負荷分散を図る仕組み

注10　0.4.21の手動設定方法は26ページNOTE「訳者による補足情報：Solidity コンパイラーのバージョン」を参照

注11　Dapper Labsが開発したゲームで、ERC721規格の代替不能トークン（Non-Fungible Token/NFT）を利用しユニークな猫のキャラクターの交配や資産としての取引が可能。 URL https://www.cryptokitties.co/

注12　Team JUSTが開発したゲームで、先行者が得をするポンジスキーム（自転車操業詐欺）だが最後の参加者が莫大な賞金を獲得するルールを導入している。 URL https://exitscam.me/

注13　「第一級市民（first-class citizen）」と呼ばれる、プログラミング言語内で制限なしに利用可能な対象のこと

謝辞

　私をブロックチェーンにハマらせ、ニューヨークのブロックチェーンコミュニティを紹介してくれたことを、クリス・ダネンとソロモン・レデラーに感謝します。本書をまとめあげてくれたApressのナンシー・チェン、ジェームズ・マーカム、本書を書く機会を与えてくれたクリスに、そして、私のキャリア上の変わった選択に協力的でいてくれた両親と妹にも。

ケダー

　Iterative Capitalでの、私のチームによる懸命の働きと支援とに、また本書のゲームを格別に本格的なものとするためにラスベガスの煙たい店内を渡り歩いてくれたケダーに、感謝します。

クリス

訳者によるまえがき

「暗号通貨（仮想通貨）」「ブロックチェーン」といったキーワードから思い浮かぶものは何でしょう。世間を騒がせた投機への熱狂と、不十分なセキュリティにより引き起こされた、不幸な事件の顛末とを連想する日本人は多いのではないでしょうか。またITの世界では近年、フィンテック（FinTech）と総称される、金融サービスのIT化を目指す領域が注目されており、その潮流の一部と認識されることもあるかもしれません。

しかし金融は、本書で紹介されるイーサリアムが目指す世界の、ほんの一部にすぎません。ブロックチェーンという、取引情報をまとめたブロックを暗号アルゴリズムによって参照リストのように連鎖させたデータ構造を世界中に分散するコンピューターネットワーク上に遍在させ、中央政府による価値の保証を必要としない貨幣を広く普及させたのがサトシ・ナカモトによるビットコインであったとすれば、先駆者ビットコインに着想を得てヴィタリク・ブテリンが2013年に構想したイーサリアムとは、ブロックチェーンを基盤とするチューリング完全マシンでした。イーサリアムの野望は単なる通貨の代替にとどまらないのです。チューリング完全とは、大ざっぱに言って、どんなアルゴリズムも実行可能な、汎用のコンピューターであることを意味します。ただしイーサリアムそれ自体は真にチューリング完全ではなく、実際には手数料（ガス）によって、実行できる処理の量が限定されます[注14]。

そしてコンピューターであるからには、その上で動作するアプリケーション（アプリ）が想定されています。本書の対象読者の第一は、分散したブロックチェーン上で動作するアプリである、分散アプリこと「dapp」（DAppやdAppとも表記されますが本書ではヴィタリクにならってdappとします）の作成法を最速で学びたいと望むソフトウェアエンジニアです。ソフトウェアエンジニアにとって、コードが文字通り契約や法となって自動執行されるイーサリアムの世界は夢のような場でしょう。またブロックチェーンを利用して実装されたビジネスが進展すれば、dapp開発の知識は就職のための要件ともなりえます。近年、コンピューターサイエンスの知識は当然として、機械学習／AI、クラウドなど、ソフトウェアエンジニアが労働市場において競争力を高めるために身につけるべきソリューションスタックは拡大する一方であり、ブロックチェーンがそこに加わっても不思議ではありません。

一般的なアプリ開発者が備えていればよい必要十分の知識とは、プラットフォームが提供している、抽象化されたAPIの使い方です。通常のコンピューター上で動作するアプリを書くと

注14 Ethereum Yellow Paper: a formal specification of Ethereum, a programmable blockchain URL https://ethereum.github.io/yellowpaper/paper.pdf

き、ハードウェアの内部構造や、ネットワークのOSI参照モデルの低レベル層を知り尽くしている必要が必ずしもあるわけではないのと同様に、ブロックチェーン上のdappを書く場合もブロックチェーン自体の構造のすべてを掌握する必要はありません。そして本書は、必要最低限のブロックチェーンに関する知識とdapp作成法とを読者に伝授する、コンパクトな入門書です。ただし、省略すべきでない重要な点として、本書は入門書であるにもかかわらず念入りにセキュリティについて解説しているのがその特色の1つ目です。

本書の2つ目の特色は、アプリの種類として、ゲームを特に取り上げているところです。今日のゲームは、ネットワーク上の複数プレイヤーにより遊ばれるマルチプレイヤーゲームが完全に主流であり、開かれた分散システムであるブロックチェーン上のゲームdappは、その性質上マルチプレイヤーです。したがって、本書の対象読者の第二は、ゲーム開発者です。ゲーム開発者には、ゲームを開発するソフトウェアエンジニアは当然として、ゲームを企画するデザイナーやプロダクトマネージャーも含まれます。ブロックチェーンには制約があるため、現実的にはブロックチェーンの長所が活きる部分のみブロックチェーン上で実行し、それ以外はブロックチェーン外で実行するよう、適材適所の設計が必要です。そうしたブロックチェーンの可能性と限界とを知っておくために、本書が役立ちます。

イーサリアムの根本思想として、単一主体による全体のコントロールを避け、特定アプリを排除する検閲等の行為を不可能とする、非中央集権という考え方があります[注15]。単一障害点（Single Point of Failure/SPoF）を作らない、単一主体への権力集中を抑制するこの考え方がイーサリアムのDNAに刻まれているにもかかわらず、実運用環境には中央集権的な部分が多々あるという矛盾が存在するのもまた事実です。暗号通貨と円やドル（または円やドルにひも付いたペッグ通貨）を交換できる取引所では、暗号通貨の売りと買いの需給による価格決定（price discovery）が行われ、また取引所間では裁定取引（arbitrage）により価格が緩やかに連動しますが、各国別の法的規制の関係もあり、大半の取引は少数の大手取引所に集中しています。中央集権型取引所のセキュリティは日本での近年の事件に見られるように常に問題となっており、非中央集権型取引所（DEX）も出始めていますが取引量は微小にとどまります。そしてイーサリアム自身も、ヴィタリクをはじめとする、影響力を持った一握りの人々によって開発方針が決定されており、非中央集権とは程遠いのが実態です。dappのゲームを作成するときにも、すべてを非中央集権化するのではなく、現実的な妥協点を探ることが課題となるはずです。

例えば、基本無料オンラインゲームにおけるdappの応用を考えてみましょう。イーサリア

注15 Ethereum White Paper URL https://github.com/ethereum/wiki/wiki/White-Paper

ム上ではどんな処理も手数料を要するため、ユーザーが無料で何度でも実行できるようにしたい処理はイーサリアム上での実行に適していません。そこで、ガチャと呼ばれる、確率表示が法的に義務付けられた有料の抽選でデジタルアイテムを付与する処理を実装した部分のみをパブリックなブロックチェーン上のdappとして実装することにします。そこでは、運営者により確率が操作されていないことが裁判での証拠ともなりうる形で自動的に証明されるため、抽選確率の不正を調べる監査や、抽選確率に関する問い合わせへのカスタマーサポートに費やしていた人的コストを削減できます。反面、どれだけガチャが回されているかというビジネスの根幹にかかわるデータが開示されることをよしとしない運営者にとっては望まない仕様となるでしょう。現状のブロックチェーンの応用は万事がトレードオフなくしては存在せず、選択を誤ると回復不能な致命的失敗につながります。

また、ゲームの企画者も本書の対象読者であると書きました。長期的運営を前提とした基本無料ゲームの企画には、ゲーム内経済の設計が必要となります。イーサリアム自体はあるデータ構造とアルゴリズムとによって構成されたコンピューターサイエンス上の構造物ですが、その設計の背後には、複数の意思決定者間の相互作用を表す数学的モデルとしてのゲーム理論や、欲望に衝き動かされる資本主義をモデル化する経済学があります。本書に出てくるサンプルコードには、政府や年金制度といった社会システムを風刺するアナロジーのようなものもあります。つまり、イーサリアム上にはコードによって形式的にシミュレートされた社会や経済が存在しているのです。ゲームとは射幸性や闘争心のような人の本能的欲望を満たす存在であるという事実から目をそらさず、イーサリアム自体や優れたdappに現れてくるシステムの類型を探ることによって、ブロックチェーン利用の有無にかかわらず、ゲームメカニクスへの理解を深め、新たなアイデアの種を得られるでしょう。

訳者自身について述べると、出たばかりの本書の原著に接し、検閲の存在する国の市場にも越境してビジネスを展開可能なdappを日本の開発者に紹介したいと思ったのが翻訳の取り組みの始まりでした。2018年夏に中国・上海で開催されたアジア最大のゲームショウ「China Joy」を訪れたところ、併催の中国ゲーム開発者向け会議（CGDC）内でブロックチェーンゲーム開発者会議が丸一日を費やして展開されるという日本と異なった状況に感銘を受け、その最初の講演者がCryptoKitties共同ファウンダーであるベニー・ジャン氏でした。CryptoKittiesはゲームdappで、2017年末にその人気が引き起こした負荷によってイーサリアムのネットワークを停止間際まで追い込み、当時のイーサリアムに内在した欠陥を浮かび上がらせていた経緯がありました。その後、東京と米国シアトルでベニーとの対話の機会を得て訳者が確信したのは、ブロックチェーンやゲームdapp自体が革命的であるかどうかは別として、そこに賭けている情熱的な人々が確かに存在していることでした。また同時に、混沌を増すブロックチェーン関連事情を目の当たりにし、自らの理解を深めて自分なりの判断をしたいと考えてい

るが踏み出せていない方々も多いであろうとの思いも強まりました。

　ブロックチェーンはしばしば、その壮大なビジョンに夢を託したファンの過大な期待を集めますが、本書の3つ目の特色は、ブロックチェーンの可能性への興奮を共有しつつも、センチメンタルでアナーキーな非中央集権主義的イデオロギーに溺れることなく技術を中立的に評価した上で、制約や問題点を率直に伝えながら、目の前にある道具を使い何ができるかに集中した、極めて堅実な書籍である点です。

　ブロックチェーンの価値を認める立場であれ批判する立場であれ、先の趨勢を読んで戦略を立てるためには、ブロックチェーンによって何ができるのかを正当に評価し正確に知る必要があります。ブロックチェーン技術がどこからやってきてどこへ行くのか、それを見届けるための鍵を与えてくれるのが本書です。本書の対象読者の第三は、ブロックチェーンに関する議論を知的冒険ゲームとしてプレイし楽しむプレイヤーの皆さまです。ブロックチェーンと外部の経済に接続された分散ゲームアプリをめぐる現在進行系の討議は、ゲーム外へ広がるゲームという意味で、それ自体がメタなゲームなのです。

　本書の訳出にあたり、共著者のケダー・アイアー氏には、原著修正点へのレビューと、日本語版への著者序文の寄稿とに、快く応じていただきました。本書には、原著初版には含まれない本文とコードの訂正内容を反映済みです。また翔泳社の山本智史氏には、読解を助ける綿密な編集によって本書の質を高く支えていただきました。心より感謝の意を表します。

イーサリアムとは何か

　イーサリアムとは、非中央集権的ネットワーク上に構築された、ネイティブ通貨を備える高信頼性計算プラットフォームです。そこでは共有データベースの状態についてのコンセンサス（consensus：合意）を形成するために、ノード群のグローバルなネットワークが協調動作しています。

　ビットコインが貨幣の未来を私たちに見せてくれたのだとすれば、イーサリアムは、私有財産、金融資産、法的契約、サプライチェーン、個人データなどに相当するものを提供してくれます。誰かに所有されうるデジタル単位であれば何でも、イーサリアムのスマートコントラクト（smart contract：契約（コントラクト）の検証や履行をデジタルに行えるコンピューター上のプロトコル。イーサリアムではイーサリアム上のプログラム（コントラクト）の自動実行機能を指す）に保存でき、また、銀行・取引所・中央政府のような第三者や仲介者を必要とせずに、所有者間でそのデジタル単位を移転できます。

　イーサリアムは、それぞれがコードのブロックである一連のトランザクションを逐次実行することで動作します。そのコードは、Solidity（ソリディティ）という特別な言語で記述されています。本書で探っていくのはこの言語です。

プロトコル、プラットフォーム、フレームワーク

　イーサリアムはプロトコルであり、かつプラットフォームでもありますが、フレームワークではありません。

　プロトコル（protocol）は、ネットワーク上のコミュニケーションを標準化するために用いられる一連のルールです。IPやTCPのような基本的プロトコルのおかげで、光ファイバーケーブル内を流れる文字化けしたバイトが適切な目的地へ届けられ、意味のある構造にデコード（decode：復号）されるようになります。プロトコルがなければ、マオリ語と英語の話者同士が会話を試みる場合のように、コンピューター同士の通信はランダムなノイズとなってしまうでしょう。

　イーサリアムプロトコルは、イーサリアムネットワーク上のノード群が、互いに意味のある会話をできるようにしています。この会話を通じ、ノード群はトランザクションを全体に送信し、ノード群を同期し、ネットワークを支えるコンセンサスを形成します。

　プラットフォームとフレームワークは、もう少し緩く定義されています。本書での目的のために、アプリケーションをその上で構築するためのものがプラットフォームで、アプリケーションを構築するのを楽にするための（一般的には、ソフトウェアの）構造がフレームワークであるとして、それらを区別することにします。

　イーサリアムはプラットフォームです。分散アプリケーション（またの名をdappといいます）を、イーサリアムのブロックチェーン上で構築しデプロイ（deploy：展開）できます。第2

章で出てくるTruffleはフレームワークであり、イーサリアムのdappの開発、コンパイル、デプロイをしやすくしてくれます。

本書の構成

　本書はセットアップ（第2章）から始まり、単純なコントラクトをデプロイして（第3章）、Solidity言語の基本を練習します（第4章）。それから少し遠回りして、コントラクトのセキュリティが基づく理論（第5章）と暗号経済学（第6章）に触れ、本書後半では一連のサンプルプロジェクトを実際に見ていきます（第7章～第11章）。

　読者は、既存のSolidityコントラクトをくつろいだ状態で読み、解釈しながら、本書の終わりには独自のSolidityコードを自分で書けるようになっていることでしょう。

本書の前提条件

　イーサリアムとSolidityを扱うには、コンピューターサイエンス上の概念についてある程度の知識があり、他のプログラミング言語を先に経験していなければなりません。とはいえ熟練者である必要はなく、基礎があれば十分です。

コンピューティングの概念

　コンピューターサイエンスの基礎を学ぶのに最良の資料は、YouTubeにあるハーバード大学のCS50講義シリーズです。講義の進みは早いものの、詳細を学習することができます。

　URL https://www.youtube.com/user/cs50tv

　10週分すべてを聴講できるようならぜひそうすべきですが、Solidityに取り組むにははじめの5つの講義で十分でしょう。

　ネットワーキング、Linux、あるいはセキュリティやハッキングについて学ぶには、YouTubeのEli the Computer Guyの人気アップロード動画を見てください。

　URL https://www.youtube.com/user/elithecomputerguy/videos?view=0&flow=grid&sort=p

　彼の動画は、先ほどのCS50講義よりもずっと初心者に優しいので、ゆっくり入門できる楽な入口を探しているなら、ここから始めるとよいでしょう。

　本書を通じて、UNIX（LinuxまたはMac）のコマンドラインを使っていくことになります。Windowsシステムで本書のコマンドを使えるようにする方法も提示しますが、できればLinuxを学ぶことをおすすめします。

ネットワーキングとセキュリティは、先に知っておく必要性が低い概念で、もともとこれらの知識がなくても、本書を読み進めることでSolidity開発者にはなれます。

ネットワーキングは、裏側にあるイーサリアムプロトコルの内部では重要ですが、アプリケーションレベルでは抽象化されて無視できる状態となっています。本書でコードを書いていくのはアプリケーションレベルなので、ネットワーキングについて知らなくても問題ありません。

本書で解説するコントラクト内を通り過ぎていく金額によっては、それらコントラクトは攻撃者から見て儲かる標的となりえます。そのため、セキュリティは非常に重要です。本書はひと章まるごとをコントラクトのセキュリティを論じるのに費やしていますが（第5章）、イーサリアムのセキュリティというトピックについて得られる知識はどんなものでも大いに役に立つでしょう。

プログラミング

Solidityの中身に入っていく前に、別の言語でのプログラミング経験を先に得ておくべきです。Solidityに最も近い言語はC言語ですが、初心者に優しくなく、設定も簡単ではありません。単純なプログラミング入門目的で一番間違いがないのはCodecademyです。学ぶのに最も単純な言語はPythonであり、Codecademyでの最も単純なコースはLearn Python 2です。

URL https://www.codecademy.com/learn/learn-python

JavaScriptは、文法がやや混乱しやすいものではありますが、それでも簡単に学べ、ブロックチェーンとかかわり合うクライアントソフトウェアのほとんどで使われている言語です。そのため、イーサリアムのプログラミングにとっては、Pythonより関連性があるといえます。本書では、単純なJavaScriptのスクリプトやコマンドを書いたり実行したりします。JavaScriptに関する最良の資料は、CodecademyのIntroduction to JavaScriptコースです。

URL https://www.codecademy.com/learn/introduction-to-javascript

読んでおくべきもの

本書は、中級のプログラミング書籍です。本書を読み始める前に、別のプログラミングについての書籍もなるべく読んでおいてください。

クリス・ダネン（Chris Dannen）著『Introducing Ethereum and Solidity』（2017年、Apress刊[注16]）はイーサリアムに関するさまざまなことについて情報通になるのに、とても役立つ本です。スマートコントラクトを書くような細かいことに深入りせず、イーサリアムがどのように動いているかを理解したいだけであれば、この本を読んでください。

注16　日本語版は『Ethereum＋Solidity入門 Web3.0を切り拓くブロックチェーンの思想と技術 (impress top gear)』、ウイリング 訳、インプレス 刊

ニール・スティーヴンスン（Neal Stephenson）による『In The Beginning...Was The Command Line』（1999年、William Morrow 刊）は、ソフトウェアの歴史と形而上学についての、私が出会った中で最高の本です。小説のように読めて、本書よりもずっとよく書けているので、Solidityを学ぶ以外の理由で本書を読もうとしているなら、代わりにこの本を読んでもよいかもしれません。

著者について

ケダー・アイアー（Kedar Iyer）は、ブロックチェーンに関するコンサルティング会社 Emergent Phenomenaを経営するソフトウェアエンジニアです。現在、Everipediaチームの一員としてブロックチェーンソフトウェアを書いています。カリフォルニア大学ロサンゼルス校（UCLA）で機械工学の学士号を取得し、小型衛星開発やロボティクスの分野、また複数のスタートアップでの就業経験があります。

クリス・ダネン（Chris Dannen）は、大規模暗号通貨マイナーであり、投資運用会社であり、プライベートデジタル資産取引所でもあるIterative Capitalの、共同創業者兼パートナーです。プログラミングを独学し、3冊の技術的な著書があり、コンピューターハードウェアの特許を1つ取得しています。Fast Companyではテクニカルエディターを務めていました。バージニア大学を卒業し、ニューヨーク在住です。

技術的監修者について

マッシモ・ナルドーネ（Massimo Nardone）はセキュリティ、Web／モバイル開発、クラウド、ITアーキテクチャーに関する、23年以上にもわたる経験を有します。ITにおいて真に熱中している分野は、セキュリティとAndroidです。

イタリアのサレルノ大学で、コンピューターサイエンスの修士号（理学）を取得しました。

現在Cargotec Oyjで最高情報セキュリティ責任者（CISO）を務め、ISACAフィンランド支部の運営委員でもあります。

監修してきたIT関連書籍は複数の出版社から出版された40冊以上にものぼり、『Pro Android Games: L Edition』（2015年、Apress刊）の共著者でもあります。

目次

日本語版への著者序文 ... iii
謝辞 ... v
訳者によるまえがき ... vi
イーサリアムとは何か ... x
本書の構成 ... xi
本書の前提条件 ... xi
著者について ... xiii
技術的監修者について ... xiii

Chapter 1　概念の紹介　1

- 1.1　ブロック ... 2
  - 1.1.1　フォーク ... 2
- 1.2　マイニング ... 3
  - 1.2.1　ネットワーク難易度と報酬 ... 3
- 1.3　トランザクション ... 4
  - 1.3.1　プロセッサーとプログラム ... 4
  - 1.3.2　仮想マシン ... 5
  - 1.3.3　イーサリアム仮想マシン（EVM） ... 5
- 1.4　ステートツリー ... 6
- 1.5　Web3 解説 ... 7
  - 1.5.1　非中央集権的なネットワーク ... 7
  - 1.5.2　分散アプリケーション、イーサリアム ... 7
- 1.6　最近のイーサリアム関連動向 ... 8
  - 1.6.1　プルーフ・オブ・ステーク（proof of stake/PoS：出資量による証明） ... 8
  - 1.6.2　シャーディング ... 8
- 1.7　ビットコイン vs イーサリアム ... 9
  - 1.7.1　イーサリアムの特長 ... 9
- 1.8　アドレスとキーペア ... 10
- 1.9　コントラクトと外部アカウント ... 10
- 1.10　イーサリアムにおけるプログラム ... 11
  - 1.10.1　記述言語 ... 11

	1.10.2　デプロイ	11
	1.10.3　ABI	11
1.11	**Solidityを掘り下げる**	**12**
	1.11.1　型付け言語	12
1.12	**ハックを防ぎ続ける**	**13**
1.13	**ブロックエクスプローラー**	**14**
1.14	**有用なスマートコントラクト**	**15**
1.15	**イーサリアムでのゲーミングに関する賛否**	**16**
1.16	**フォローすべき人々**	**17**
1.17	**まとめ**	**18**

Chapter 2　イーサリアム開発環境　19

2.1	**設定を行う**	**20**
	2.1.1　ハードウェアの選択	20
	2.1.2　オペレーティングシステム	21
	2.1.3　プログラマー用ツールキット	23
2.2	**イーサリアムクライアント**	**27**
	2.2.1　デプロイ作業	29
	2.2.2　基本gethコマンド	31
2.3	**ブロックチェーンに接続する**	**35**
	2.3.1　ネットワーク同期	35
	2.3.2　フォーセット	37
2.4	**まとめ**	**38**

Chapter 3　イーサリアムの初歩　39

3.1	**プロジェクト3-1：トランザクション作成**	**40**
	3.1.1　ウォレット生成	40
	3.1.2　イーサの取得	41
	3.1.3　gethコマンドラインで偽イーサを送信する	43
	3.1.4　トランザクションの総コスト	46
	3.1.5　挑戦：メインネットでのイーサ送信	47
3.2	**プロジェクト3-2：デプロイ入門**	**47**
	3.2.1　Hello Worldコントラクト	47
	3.2.2　手動デプロイ	48
	3.2.3　Truffleでのデプロイ	51
	●演習3.1	56
	●演習3.2	56
3.3	**まとめ**	**56**

Chapter 4 スマートコントラクトの理論的概要　57

4.1　Truffleの理論　58
- 4.1.1　設定　58
- 4.1.2　マイグレーション　60
- 4.1.3　開発環境　62
- 4.1.4　スクリプティング　64
- 4.1.5　テスト　65

4.2　EVMの理論　66
- 4.2.1　ガス手数料　66

4.3　Solidityの理論　66
- 4.3.1　制御フロー　67
- 4.3.2　Solidity での関数呼び出し　68
- 4.3.3　コントラクトABI　70
- 4.3.4　データを操作する　70
- 4.3.5　コントラクトの構造　75
- 4.3.6　ログ取得とイベント　77
- 4.3.7　演算子と組み込み関数　78
- 4.3.8　エラー処理　81
- 4.3.9　イーサリアムプロトコル　82

4.4　まとめ　83

Chapter 5 コントラクトのセキュリティ　85

5.1　コントラクトのデータは全部公開されている！　86

5.2　失われたイーサ　89
- 5.2.1　アドレス　89
- 5.2.2　コントラクト　90

5.3　コントラクトへのイーサ保存　91

5.4　イーサ送信　92

5.5　引き出し関数　95

5.6　外部コントラクトの呼び出し　98
- 5.6.1　再入可能性攻撃　98
- ●演習 5.1　101
- 5.6.2　レースコンディション　101

5.7　一時停止可能コントラクト　102

5.8　乱数生成　103

5.9　整数に関する問題　105
- 5.9.1　アンダーフロー／オーバーフロー　105
- 5.9.2　切り捨てのある除算　106

5.10　関数はデフォルトで公開状態　107

5.11 tx.originではなくmsg.senderを使うべし　108
5.12 すべてはフロントランニング可能　109
5.13 以前のハックや攻撃　110
- 5.13.1 DAO　110
- 5.13.2 Parityのマルチシグ　111
- 5.13.3 CoinDash　112
- 5.13.4 GovernMental　113
5.14 まとめ　113

Chapter 6 暗号経済学とゲーム理論　115

6.1 ブロックチェーンの安全性を確保する　116
- 6.1.1 プルーフ・オブ・ワーク　116
- 6.1.2 プルーフ・オブ・ステーク　118
- 6.1.3 プルーフ・オブ・オーソリティ　118
6.2 コンセンサス形成　119
6.3 トランザクション手数料　120
6.4 インセンティブ　120
6.5 攻撃経路　121
- 6.5.1 51%攻撃　121
- 6.5.2 ネットワークへのスパム送信　122
- 6.5.3 暗号破り　123
- 6.5.4 リプレイ攻撃　124
- 6.5.5 テストネットでの攻撃と問題　125
6.6 まとめ　126

Chapter 7 ポンジとピラミッド　129

7.1 スキーム：ポンジ VS ピラミッド　130
7.2 検証可能な悪徳　131
7.3 単純なポンジ　131
- ● 演習 7.1　135
- ● 演習 7.2　135
7.4 現実的なポンジスキーム　136
- ● 演習 7.3　139
- ● 演習 7.4　139
7.5 単純なピラミッドスキーム　139
- 7.5.1 変数とステート定数　140
- 7.5.2 コンストラクター　142
- 7.5.3 出資と支払いのロジック　142

目次　xvii

		7.5.4 マイグレーション	144
		7.5.5 デプロイ	144
		● 演習 7.5	145
		● 演習 7.6	145
7.6	**GovernMental**		**145**
		7.6.1 ステート変数	149
		7.6.2 貸主への支払いロジック	151
7.7	**まとめ**		**152**

Chapter 8 宝くじ　153

8.1	**乱数生成（再び）**		**154**
8.2	**単純な宝くじ**		**155**
	8.2.1	定数とステート変数	156
	8.2.2	コンストラクター	157
	8.2.3	宝くじの処理関数	157
	● 演習 8.1		158
8.3	**複数回宝くじ**		**158**
	8.3.1	定数とステート変数	160
	8.3.2	コンストラクター	162
	8.3.3	ゲームプレイ	162
	8.3.4	クリーンアップとデプロイ	166
	● 演習 8.2		167
8.4	**RNG宝くじ**		**167**
	8.4.1	コントラクトの全体像	168
	8.4.2	ステート変数	169
	8.4.3	コンストラクター	170
	8.4.4	購入ロジック	170
	8.4.5	公表ロジック	171
	8.4.6	マイグレーションとデプロイ	172
8.5	**パワーボール**		**173**
	8.5.1	コントラクトの全体像	174
	8.5.2	Round 構造体	177
	8.5.3	定数	177
	8.5.4	ステート変数	178
	8.5.5	コンストラクター	178
	8.5.6	ゲームプレイ	178
	8.5.7	マイグレーションとデプロイ	184
	● 演習 8.3		185
8.6	**まとめ**		**185**

Chapter 9 賞金付きパズル　187

9.1 解答の隠蔽　188
9.2 単純なパズル　189
- 9.2.1 定数とステート変数 ... 190
- 9.2.2 ゲームプレイ ... 190
- 9.2.3 マイグレーションとデプロイ ... 191
- ● 演習 9.1 ... 192

9.3 公約－公表パズル　192
- 9.3.1 コントラクトの全体像 ... 192
- 9.3.2 定数とステート変数 ... 194
- 9.3.3 ゲームプレイ ... 195
- 9.3.4 デプロイ ... 198
- ● 演習 9.2 ... 198
- ● 演習 9.3 ... 198

9.4 まとめ　199

Chapter 10 予測市場　201

10.1 コントラクトの概観　202
- 10.1.1 独自データ型 ... 206
- 10.1.2 定数とステート変数 ... 206
- 10.1.3 コンストラクター ... 207

10.2 イベントによる状態追跡　208
10.3 株取引　209
- 10.3.1 買い注文 ... 209
- 10.3.2 売り注文 ... 210
- 10.3.3 買い注文に応じた売り ... 210
- 10.3.4 売り注文に応じた買い ... 212
- 10.3.5 未約定注文のキャンセル ... 212

10.4 市場の決定　213
- 10.4.1 単一オラクル ... 213
- 10.4.2 複数オラクル ... 214
- ● 演習 10.1 ... 215
- 10.4.3 シェリングポイントコンセンサス ... 215

10.5 まとめ　216

Chapter 11 ギャンブル　217

11.1 ゲームプレイの制限　218
11.2 サトシダイス　218
- 11.2.1 コントラクトの全体像 ... 219
- 11.2.2 定数 ... 220

11.2.3	ステート変数	221
11.2.4	イベント	221
11.2.5	ゲームプレイ	221
● 演習 11.1		224

11.3　ルーレット　　　224

11.3.1	コントラクトの全体像	224
11.3.2	独自データ型	226
11.3.3	定数	227
11.3.4	変数とイベント	227
11.3.5	コンストラクター	227
11.3.6	ゲームプレイ	228
● 演習 11.2		230

11.4　まとめ　　　230

参考文献 231
索引 232

Chapter 1

概念の紹介

本章では、イーサリアムを使ったブロックチェーンの抽象的な概要を示します。

ブロックチェーン（blockchain）とは、ブロックの「順序を持った列」のことです。また、**ブロック**（block）とは、**トランザクション**（transaction：取引）の「順序を持った列」です。トランザクションはイーサリアム仮想マシン（EVM）というシステム上で動作し、**ステートツリー**（state tree：状態木）を変更するコードを実行します。

それでは、これらの概念をより詳しく探っていきましょう。

1.1 ブロック

先述のとおり、**ブロックチェーン**はブロックの「順序を持った列」からなり、**ブロック**は、メタ情報のヘッダーと、トランザクションの列によって構成されます。ブロックは**マイナー**（miner：採掘者）により**マイニング**（mining：採掘）のプロセスを経て作成され、ネットワークの残りの部分にブロードキャストされます。**ノード**（node：ネットワークの構成要素）はそれぞれ、受け取ったブロックを一連の**コンセンサスルール**（consensus rule：合意規則）に照らして検証します。コンセンサスルールを満たさないブロックは、ネットワークから拒絶されます。

1.1.1 フォーク

フォーク（fork：分岐）は、互いに競合するコンセンサスルールのセットがネットワーク上に存在する場合に発生します。一般的には、公式クライアントの更新のときにこの状況が発生します。イーサリアムの公式クライアントは **geth** というプログラムです。

ソフトフォーク（soft fork）は、より新しいルールのセットが、古いルールのセットの部分集合であるような場合に発生します。古いルールを利用しているクライアントは、新しいルールを利用しているクライアントによって作成されたブロックを拒絶しないため、新ルールでのブロック作成者（であるマイナー）のみが自己のソフトウェアを更新する必要があります（マイナー以外は更新の必要がありません）。

一方、**ハードフォーク**（hard fork）は、新しいルールのセットが古いルールのセットと整合性がない場合に発生します。この場合、すべてのクライアントが自己のソフトウェアを更新しなければなりません。一般的に、ハードフォークは論争となる傾向があります。あるユーザーのグループが自己のソフトウェアの更新を拒んだ場合、**チェーンスプリット**（chain split：ブロックチェーンの分断）が発生し、一方のブロックチェーン上で有効なブロックが、他方のブロックチェーン上では無効になってしまいます。イーサリアムでは6回のハードフォークが発生しており、そのうちの1回はチェーンスプリットを引き起こし、イーサリアムクラシック（ETC）というイーサリアムとは別のブロックチェーンの創設に至っています。

1.2 マイニング

イーサリアムネットワーク内のマイニングノードは、**イーサッシュ**（Ethash）と呼ばれる、独自のプルーフ・オブ・ワーク（proof of work/PoW：作業による証明）アルゴリズムを用い、互いに競うようにしてブロックを生成しています。イーサッシュアルゴリズムへの入力は、**ナンス**（nonce）と呼ばれるランダムに生成された数値を含むブロックヘッダーであり、出力は32バイトの16進数です。ナンスの変更によって出力も変化しますが、どのように変わるかは予測できません。

1.2.1 ネットワーク難易度と報酬

マイニングされたブロックをネットワークが受理するためには、ブロックヘッダーに対するイーサッシュの出力が、**ネットワーク難易度**（network difficulty）という、達成目標となる（さらに別の）32バイトの16進数よりも小さくなければなりません。目標難易度を達成するブロックを全体へ送信するマイナーは誰でも、**ブロック報酬**（block reward）を受け取ります。ブロック報酬は、ブロック内に**コインベーストランザクション**（coinbase transaction）を含めることによって与えられます。コインベーストランザクションとは、一般的にはブロック内の最初のトランザクションであり、ブロック報酬をマイナーに送信します。**ビザンティウムハードフォーク**（Byzantium hard fork）というハードフォーク以降、現在のブロック報酬は3イーサ（ether：イーサリアムの通貨単位）となっています。

時には、2人のマイナーがほぼ同時にブロックを生産することがあります。その場合も、メインのブロックチェーンにはただ1つのブロックのみが受理されます。受理されなかったほうのブロックは**アンクル**（uncle：叔父）**ブロック**[訳注1]と呼ばれます。アンクルブロックはブロックチェーンに含まれ、アンクルブロックのマイナーは通常ブロックの場合より少ないブロック報酬を受け取りますが、そのトランザクションはステートツリーを変更しません。

ブロックチェーンのセキュリティは、ネットワーク内の**ハッシュパワー**（hash power：ハッシュ関数処理性能）の量に比例します。ネットワーク内により大きなハッシュパワーが存在するということは、各マイナーが全ハッシュパワーのより小さな割合しか占めず、ネットワーク乗っ取り攻撃がより困難になることを意味します（「6.5.1 51%攻撃」を参照）。ブロックチェーンにアンクルブロックを含めることでブロックチェーンのセキュリティを高められているのは、受理されなかったブロックの作成に使われたハッシュパワーが浪費されていないからです。

ネットワーク難易度は、ブロックが15〜30秒ごとに生産されるよう、常に調整されています。

訳注1　uncle以外にも、ジェンダー中立な表現として、ommerと呼ばれることもある

1.3 トランザクション

トランザクションはイーサを送信し、スマートコントラクトをデプロイするか、あるいは既存のスマートコントラクト上で関数を実行します。トランザクションは、コード演算の複雑性とネットワークコストとを決定するイーサリアム測量単位である**ガス**（gas）を消費します。トランザクションにかかるガスのコストは、**トランザクション手数料**（transaction fee）を計算するのに用いられます。ブロックをマイニングするマイナーにトランザクションを送信するアドレスのユーザーが、トランザクション手数料を支払います。

トランザクションには、オプションとしてdataフィールドを含めることが可能です。コントラクトをデプロイするトランザクションの場合、dataはコントラクトをバイトコードで表現したデータとなります。スマートコントラクトに送信されるトランザクションの場合、dataは呼び出す関数の名前と引数とを含みます。

1.3.1 プロセッサーとプログラム

プロセッサー（processor）とは、一連の所与の命令を実行する集積回路です。各プロセッサーには、実行できる演算のセットがあります。**命令**（instruction）は、演算コードまたは**オプコード**（opcode）と、それに続く演算への入力データとから構成されます。x86命令セットは今日用いられる最も一般的な命令セットであり、約1000個の一意なオプコードを持ちます。

プログラム（program）とは一連の命令であり、そのまま順番に実行されます。パンチカードであれ、アセンブリであれ、あるいはPythonのような高水準言語であれ、すべてのコードはコンパイルされたりインタープリターで翻訳されたりして、生のバイト列に落とし込まれます。そうしたバイト列が、コンピューターが機械的に順次実行できる一連のプロセッサー命令に相当します。リスト1.1は、Hello WorldプログラムがLinuxアセンブリでどのように表されるかを示しています。

リスト1.1 x86 LinuxアセンブリでのHello World

```
section .text
global _start   ; リンカー（ld）用に宣言が必要
 _start:        ; リンカーにエントリーポイントを指示する

mov edx,len     ; メッセージ長
mov ecx,msg     ; 書き込むメッセージ
mov ebx,1       ; ファイルディスクリプター（標準出力）
mov eax,4       ; システムコール番号（sys_write）
int 0x80        ; カーネル呼び出し

mov eax,1       ; システムコール番号（sys_exit）
int 0x80        ; カーネル呼び出し
```

```
section .data

msg db 'Hello, world!',0xa ; 大事な文字列
len equ $ - msg ; 大事な文字列の長さ
```

1.3.2 仮想マシン

仮想マシン（Virtual Machine/VM）とは、プロセッサーのように振る舞うソフトウェアプログラムです。仮想マシンは自身のオプコードのセットを備え、自身の命令セット向けに書かれたプログラムを実行できます。VMの命令に相当する低水準のバイトは、**バイトコード**（bytecode）と呼ばれます。プログラミング言語は、実行用にバイトコードへコンパイルされます。Java仮想マシン（JVM）は今日利用される最も人気のある仮想マシンの一つであり、JVMによって生計を立てている人々もいます。JVMはJava、Scala、Groovy、Jythonのような複数の言語をサポートしています。

仮想マシンは**エミュレーション**（emulation：疑似実行）のため、実行されるハードウェアを選ばないという利点があります。Windows、Linux、あるいは「スマート」冷蔵庫の組み込みOSのような新しいプラットフォームに仮想マシンがいったん移植されると、その仮想マシン向けに書かれたプログラムは、「スマート」TV上で動くのと同じように冷蔵庫上でも問題なく動作できます。Javaの「Write Once, Run Anywhere（一度書けばどこでも動く）」という標語が思い浮かびます。

1.3.3 イーサリアム仮想マシン（EVM）

イーサリアム用VMとしては、**イーサリアム仮想マシン（EVM）** があります。イーサリアムがVMを必要とするのは、EVMの各オプコードに関連付けられたガス手数料の存在によります。手数料はスパムに対する抑止力として働き、許可不要の公共資源としてEVMが機能できるようにします。EVM用の独自オプコードのそれぞれが自身の手数料を持つということは、上手く書かれたコントラクトの実行はより安価となるということを意味します。例えば、**SSTORE**演算はデータをステートツリーに格納しますが、これは高価な演算となっており、その理由は全ネットワークへデータを複製しなければならないからです。

トランザクションのバイトコードによって蓄積されるガス手数料の合計がトランザクション手数料を決定します。

1.4 ステートツリー

イーサリアムの主要データベースは**ステートツリー**（state tree：状態木）であり、Keccak256ハッシュのキーを32バイトの値に対応させるキー／値のペアによって構成されます。Solidityのデータ構造では、プログラミングを楽にする構造体を作成する場合に、ステートツリーの1個または複数のエントリー（登録要素となるキー／値のペア）を用います。**単純データ型**（simple data type）は32バイト以下のサイズのデータであり、ステートツリーの1エントリー内に格納できます。一方、**複雑データ型**（complex data type）は、配列など、ステートツリーの複数エントリーを必要とするデータ型です。Solidityのデータ構造については、4章の「データ型」（71ページ）でより詳しく解説します。

Keccak256ハッシュは256ビット長であり、そのためイーサリアムのステートツリーは2^{256}の一意なエントリーを保持できるよう設計されています。しかしながら、約2^{80}以上のエントリーを超えると、ハッシュが衝突するため、ステートツリーの状態が利用に適しているとはいいがたいものとなります。ただ、いずれにせよ、この空間サイズは全世界に現状存在しているディスク空間の総サイズより大きいため、無限のストレージ（データ保持領域）が存在すると開発者は仮定できます。ただし、実際にストレージに対し料金を支払うこととは別問題です。というのも、ステートツリーにデータを保存することはいちじるしい量のガスを消費するためです。コントラクトは、ステートツリーに行う挿入や更新の数を最小にするように、注意深く書かれるべきです。

ステートツリーはトランザクションの実行によって変更、構築されます。ほとんどのトランザクションはステートツリーを変更します。

ステートツリーはマークル・パトリシア・トライ[訳注2]（Merkle Patricia trie）というデータ構造を用いて実装されています。このデータ構造を理解することはSolidityプログラミングに必須ではありませんが、興味のある方向けに、詳細がGitHub上の

URL https://github.com/ethereum/wiki/wiki/Patricia-Tree

でドキュメント化されています。

訳注2　ビットコインでも用いられるバイナリ・マークル・ツリー（二分ハッシュ木）と異なり、16進文字列を用いたパトリシア・トライ構造を採用することにより、キー／値のペアの探索だけでなく挿入／削除をも計算量O(log(n))で効率よく行うことを可能にしたデータ構造

1.5 Web3解説

ブロックチェーン技術に早くから注目してきたユーザーの多くが、インターネットの新時代——Web 3.0——を導いていくのではないかと興奮していました。Web 1.0とはインターネットの最初の段階であり、そこではインターネットというプラットフォームはほとんど、物を売ったり情報を投稿したりすることに利用されていました。その後、Web 2.0がソーシャルネットワークとユーザー同士の協働とをインターネットにもたらしました。Facebook、Flickr、Instagramなどのサイトでは、ユーザーが生成したコンテンツが中心的に利用されてきました。Web 3.0とは、新たな非中央集権的なWebへの期待であり、そこでは、権力を持つ中央当局が検閲を行ったり、ユーザーのデータをコントロールしたりできないのです。

1.5.1 非中央集権的なネットワーク

インターネットは、もともと、中央当局のどこを攻撃しても陥落させることができない非中央集権的なコミュニケーションネットワークとして、DARPA（アメリカ国防高等研究計画局）によって設計されました。その後の15年間でWebがより商業的になるにつれ、中央集権の度合いも増してきました。

現在、Googleの検索アルゴリズム上でよい点数を得ることが、新しいサイトがトラフィックを獲得する際の絶対条件となっています。Facebookは、アクセス制御の内側で、ユーザーが生成したデータとコンテンツの大部分を支配しています。NetflixとYoutubeとを合わせると、インターネットのトラフィックの約1/3を占めています。また、中国やトルコといった一部の国は、この状況に乗じて自分たちの検閲ルールに従わないサイトの閲覧を禁止しています。

Web 3.0の目的の一つに、権力による検閲や支配をより困難なものとするために、**Webを再び非中央集権化する**（re-decentralize）ことがあります。イーサリアム上に構築したどのアプリケーションも自動的に非中央集権化されるため、Web 3.0の熱狂的ファンにとって、イーサリアムは心躍るプラットフォームなのです。

1.5.2 分散アプリケーション、イーサリアム

イーサリアム上のアプリケーションは一般に、**分散アプリケーション**（distributed application）、あるいは**dapp**（ダップ）と呼ばれます。伝統的なインターネットのアプリケーションと異なり、dappはホスティングやデータ保存のためのサーバーを必要としません。イーサリアムネットワークは、認証・コントラクトデータ保存・APIといった、サーバーの伝統的な責務のすべてに対応しています。このことは、伝統的なWebサイトのようにはdappを検閲できないことを意味します。dappを検閲するためには、イーサリアムネットワーク上のすべてのノードをブラックリストに入れなければならず、これは簡単な作業ではありません。

ちなみに、web3という用語はイーサリアムコミュニティ内ではちょっとした混乱を招く恐れがあります。初期にはweb3はWeb 3.0の概念を指していましたが、現在は一般的にイーサリアムのクライアントライブラリであるweb3.jsのことも指します。本書では、web3をクライアントライブラリを指す用語として使用していきます。

1.6 最近のイーサリアム関連動向

本書執筆時点で、イーサリアム開発コミュニティでは、本書を用いてdappを構築する開発者に関連するかもしれない2つの新しい取り組みが主に注目されています。

1.6.1 プルーフ・オブ・ステーク（proof of stake/PoS：出資量による証明）

現時点では、ビットコインとイーサリアム双方のトランザクションスループットの低さにより、ある種のアプリケーションやサービスが非実用的なものとなっています。

ピーク時に、ビットコインは秒間7トランザクション（7TPS）を処理できます。イーサリアムは最大約30TPSです。対照的に、Visaやマスターカードのスループットは、最大で数万TPSを誇ります。プルーフ・オブ・ステーク（PoS）では、マイナーはバリデーター（validator：検証者）に置き換えられます。SHA-256によるプルーフ・オブ・ワークのコンセンサスのアルゴリズムをPoSアルゴリズムに置き換えれば、ブロックタイム（block time：ブロック生成にかかる時間）は大幅に減少し、Visaやマスターカードをも超えるほどのイーサリアムのスループット増大に寄与します。

1.6.2 シャーディング

現在、イーサリアムネットワーク上のすべての完全アーカイバルノード（archival node：記録保管ノード）は、本書執筆時点で300GB以上にものぼる全ブロックチェーンをダウンロードしなければなりません。「ライトシンキング（light syncing：軽量同期）」のオプションも利用可能ですが、長期的な解決手段とはなりません。

シャーディング（sharding）はアカウント空間をサブ空間（シャード）に分割して、それぞれのサブ空間に自身のバリデーターを設置します。そのため、全ネットワークがすべてのトランザクションを処理しなくてもよくなります。シャーディングが施され、かつPoSが有効となったイーサリアムネットワークのトランザクションスループットは、シャードごとに2000TPSにも達します。

1.7 ビットコイン vs イーサリアム

多くの方にとって、暗号通貨やブロックチェーンとはじめて遭遇したのはビットコイン（bitcoin/BTC）を通じてだったはずです。ビットコインは最初の暗号通貨であり、今でも最大規模かつ最もよく使われている暗号通貨です。ビットコインにより、ユーザーは銀行やPayPalのような第三者の仲介を経ずにお金を送ったり受け取ったりできるようになりました。ビットコインのことは、インターネットのための偽造不能な貨幣と考えてください。

1.7.1 イーサリアムの特長

ビットコインを超えるイーサリアムの主要な革新は、ブロックチェーン上に高信頼性計算フレームワークを付加したことです。イーサリアムノード群は、互いを必ずしも信頼していないかもしれませんが、ネットワークがスマートコントラクトのコードを決定論的に実行することは信頼できます。このことをネイティブ通貨の導入と組み合わせると、ビットコインがサポートしていない多様な機能が可能になります。

ハッシュ化時間ロックコントラクト（Hashed Timelock Contract/HTLC）を除き、ビットコインは条件分岐をサポートしません。お金は送金されるか、あるいは送金されないかです。トランザクションはシステムの内部状態に依存しません。一方、イーサリアムのスマートコントラクトは条件分岐をサポートしています。このことは些末にも見えますが、条件分岐のサポートを追加すると開発者は、**制御フロー**（flow of control）、つまりプログラム内で個々の命令が評価ないし実行される順序を指定する能力を与えられます。**エスクロー**（escrow：第三者仲介）**決済**はその一例です。エスクロー決済では、両当事者の参加を条件として交換が成立します。別の例としては、「賭け」が挙げられますが、これは外部の事象を条件として支払いが実行されます。ユーザー同士お互いを信頼し合っていなくても、スマートコントラクトのロジックが意図どおり実行されることは信頼できます。

いろいろな意味で、イーサリアムとは未知への跳躍です。ビットコインは「非中央集権的通貨を作成する」という特定の問題の解決に向けて構築されました。イーサリアムは、恣意的なロジックに基づいたプログラミング可能な価値移転を提供することによって、未来の、想像も付かなかったような、ブロックチェーン関連の解決手段に貢献するでしょう。目下、イーサリアムの最大の利用事例はクラウドファンディング（crowdfunding）ですが、賭け、エスクロー、非中央集権的な取引所、予測市場、非中央集権的百科事典、ユーザー制御スマートデータなど、多くの実験や応用が進行中です。

1.8 アドレスとキーペア

イーサリアムは、ビットコイン同様に、トランザクションを認証し安全にするために**非対称鍵暗号**（asymmetric key cryptography）を用います。パブリック（public：公開）とプライベート（private：秘密）のキーペアが生成され、プライベートキー（private key：秘密鍵）で署名されたメッセージは対応するパブリックキー（public key：公開鍵）でのみ復号でき、またその逆も同様です。イーサリアムのアドレス（address）とは、パブリックキーのKeccak256ハッシュの末尾20バイトです。Keccak256とは、イーサリアムが用いる標準ハッシュ関数です。

アドレスに結び付けられたイーサの残高（balance）は、対応するプライベートキーの所有権を証明できるユーザーであれば誰でも使うことができます。すべてのイーサリアムトランザクションは送金者のプライベートキーで暗号化されており、ユーザーのパブリックキーが全体に送信されたメッセージを有効なトランザクションに復号できれば、そのことが、そのユーザーがそのプライベートキーを所有している証しとなるのです。

1.9 コントラクトと外部アカウント

イーサリアムには、外部アカウントとコントラクトという、2種類の**アカウント**（account：口座）があります。**外部アカウント**（external account）はユーザーによって管理されるものである一方で、**コントラクト**（contract）は関数呼び出しによって発動されるブロックチェーン上の半自律的存在です。すべてのアカウントは、関連する**残高**と**ナンス**を持ちます。ナンスは毎回のトランザクション後に1増加し、トランザクションの重複を防ぐために存在します。残高とナンスという2つのフィールドに加え、コントラクトは、コントラクトコード内で指定された追加的データフィールドを保持可能な、別のストレージ空間にもアクセス可能です。

1.10 イーサリアムにおけるプログラム

　イーサリアムにおけるプログラムは、1つもしくはそれ以上の相互作用するスマートコントラクトによって構成されます。スマートコントラクトは他のスマートコントラクト内の関数を呼び出すことができます。個々のコントラクトは、伝統的なプログラミング言語における「クラス」に似ています。

1.10.1 記述言語

　スマートコントラクトは、EVMアセンブリ、Solidity、低水準LISP（LLL）、Serpentなどの言語によって記述できます。すべてのコントラクトは最終的にEVMアセンブリバイトコードへコンパイルされます。Solidityは最も一般的に利用される言語で、本書で利用するものです。Serpentは利用が段階的に停止されつつあり、LLLが利用されることはきわめてまれです。先ほど挙げた言語以外にも、Viperといった新しい実験的言語も開発中です。

1.10.2 デプロイ

　スマートコントラクトのデプロイは、EVMアセンブリバイトコードをデータとして付加したトランザクションをnullアドレス（0x）へ送信することで実行されます。

　イーサリアムの考案者は、その設計時、新しいスマートコントラクトのそれぞれがブロックチェーン上の新しいコントラクトのための構成部品として振る舞うことと、同時に大半の機能を既存のコントラクトに頼ることを想像していました。例えば、文字列操作を行いたいコントラクトは、Solidityがサポートしていない「文字列結合」といった操作を実行するため、既存のStringUtilsコントラクトに頼る、といった具合です。

　あいにく、このようなスタイルで開発を行うには、テストや開発のためにイーサリアムのメインネット（mainnet：主要本番ネットワーク）と直接やり取りする必要があり、非常に高く付きます。代わりに開発者のほとんどは最近、プライベートなテスト用ブロックチェーン上で使えるようプログラム内に標準のStringUtilsコントラクトをコピーしてから、そのStringUtilsコントラクトの自前版をデプロイして自分のプログラム内で利用しています。本書後半のゲームプロジェクト内では、こうした手法のさらなる事例を見ていきます。

1.10.3 ABI

　スマートコントラクトは、自動的にアプリケーション・バイナリ・インターフェイス（Application Binary Interface/ABI）を公開します。ABIとはAPIをバイナリまたはバイトコードで同等に表現したもののことです。ABIにはパブリックな外部の関数がすべて含まれ、プライベートな内部の関数は含まれません。ABIの関数は、トランザクション送信中には外部アカ

ウントから呼び出すことができ、また内部ロジックの実行中には他のスマートコントラクトから呼び出すことができます。

1.11 Solidityを掘り下げる

　SolidityはEVMの主要なプログラミング言語です。EVMは従来のプロセッサーには使われない特製オプコードを持っているため、既存プログラミング言語はEVMには適しません。Solidityはイーサリアム上でスマートコントラクトをプログラミングする専用の言語として設計されました。

　SolidityはよくJavaScriptと比較されますが、最も近い親類はC言語です。Solidityは、ストレージとCPUの利用限定を重視する最小限の機能を備えた、強い型付けの言語です。SolidityはEVM用に256ビットのデータ型をサポートしており、この点は32ビットや64ビットのプロセッサーのみサポートする一般的言語と異なります。

1.11.1 型付け言語

　強い型付けの言語をまったく使ったことのない開発者にとっても、Solidityに慣れるのは難しくはないはずです。実際のところ、ほとんどの人は非型付け言語よりも型付け言語のほうが簡単であると感じるため、型付け言語だからといってSolidityのことを恐れないでください。Java、Swift、またはObjective-Cに触れてきたモバイル開発者は、Solidityの文法を非常になじみのあるものと感じるでしょう。一方、JavaScript開発者は多少は慣れる必要があるかもしれません。JavaScriptのように緩い型付けの言語では、式の評価はより簡単ですが、計算が手数料ベースであるシステムにおいては望まれない（また潜在的に高価な）曖昧さをもたらすためです[訳注3]。

　本番環境の設定では、すべての開発者が、ストレージ・メモリ・CPUの利用が限定されるガスの制約範囲内で作業することに順応せざるを得ません。限られたリソースの中で作業することに慣れている組み込みシステム開発者は、Solidityへの移行がおそらく最も楽でしょう。

　第4章ではSolidity利用の詳細についてさらに解説していきます。

[訳注3] 緩い型付けの言語では、型変換が自動的に行われたりメモリ空間の使い方が必ずしも最適化されていなかったりといった、処理上のオーバーヘッドが付随することがある。そのため、プログラマーの意図しない負荷を伴う計算が内部的に生じる可能性があり、計算負荷に手数料を課すシステムでは意図しない手数料につながりうる

1.12 ハックを防ぎ続ける

スマートコントラクトはイーサ残高を保持している可能性があるので、ハッカーにとって実入りのよい攻撃目標です。DAO攻撃や、Parity社のマルチシグ（multi-sig：複数署名）を用いたウォレット（wallet：暗号通貨の保管場所）への攻撃のようなハックは、何百万ドルもの損失に至りました。

大半のSolidityアプリケーションコードはオープンソースで誰からも見えるものなので、セキュリティ上の目立つ欠陥をコントラクトのコードに残してしまわないようにするには、ベストプラクティスに従うことが必須です。そうしたベストプラクティス（最善の慣行）は、イーサをコントラクト内で送金する代わりに出金の方式を使うようなやり取り上のテクニック（「5.5 引き出し関数」を参照）から、条件分岐を最小化するようなコード上のテクニックにまで多岐にわたります。

一般的に、Solidity開発は、Webサイト作成というより橋の建設のように扱われるべきです。そのプロセスは繰り返し行われるようなものではありません。いったんデプロイされると、コントラクトのコードとABIは更新できません。あるコントラクトから別のコントラクトへ残高を移転することは、内部にレジャー（ledger：台帳）を保持するコントラクトの場合は特に、困難、または不可能です。

可能な場合はいつでも、テストされていない新しいコードの代わりに、実績のあるレガシーコードを使うべきです。メインネットにデプロイする前に、コントラクトを徹底的にテストして点検するべきです。

第5章はコントラクトのセキュリティを詳細にわたって広範に取り扱っており、本書で最も重要な章です。デプロイ済みコントラクトに何かの資産やイーサを保存することを試みる前に、必ず第5章を読んでください。

1.13 ブロックエクスプローラー

　ブロックエクスプローラー（block explorer）は、ブロックチェーンを見ていくために簡単に利用できるインターフェイスを提供するWebサイトです。イーサスキャン（URL https://etherscan.io/）は、現時点で最良のイーサリアム用ブロックエクスプローラーです（図1.1）。イーサスキャンは、同期中に最新の**ブロック高度**（block heightt：ブロックチェーン上の現在のブロック番号）を確認したり、保留中のトランザクションを監視したりだけでなく、他にもトランザクションの最終的なガス手数料の確認、ネットワーク難易度の確認、デプロイ済みコントラクトのソースコードやABIの確認、などの作業に使えます。

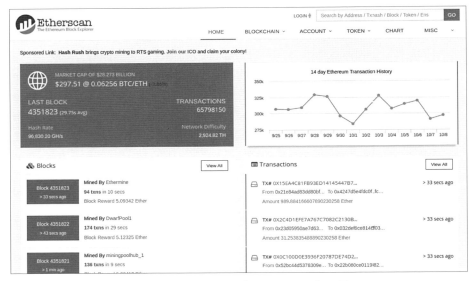

図1.1　イーサスキャンブロックエクスプローラー

　本書では、トランザクションとウォレットの監視に、イーサスキャンを広く使っていきます。個々のトランザクションとアドレスは右上角の検索ボックスから検索できます。

1.14 有用なスマートコントラクト

ブロックチェーン上のスマートコントラクトとdappは新興の技術なので、100％の確証を持って技術がどう利用されるかを予測することはできません。そのことを念頭に置きつつ、大きな潜在価値を持ちうる多くの利用事例が模索されています。

これまでで最も実績のあるスマートコントラクト利用事例は、**カスタムトークン**（custom token：既存ブロックチェーン上に構築された独自の通貨（トークン））と**クラウドセールス**（crowd sales：群衆販売）です。これまでにイーサリアム上で数百のトークンが売り出されました。クラウドセールスは、通常は**トークンセールス**（token sales）、**イニシャル・コイン・オファリング**（initial coin offering：初回コイン提供。トークン売りだしによる資金調達法）、または**ICO**と呼ばれます。

エスクローのスマートコントラクトは、互いに信頼していない当事者間でトークン（token：代用貨幣）の所有権を移転するために使われて人気となりました。売り手はスマートコントラクトにトークンのコントロールを許可し、買い手がそのスマートコントラクトにイーサを送信した場合のみトークンが買い手に送られます。

トークン以外の他のデジタル資産も、スマートコントラクトを使って保存できます。株式、不動産、金、USドル、その他各種資産をイーサリアムブロックチェーン上で利用可能かつ取引可能とするために、さまざまな企業がコントラクトを構築してきました。

1.15 イーサリアムでのゲーミングに関する賛否

やっと、ゲームの話です。今日、特にWeb上にホストされたゲームで、開発者は決済の扱いに苦労しています。ゲーミングサイトはStripeやPayPalの提供する従来の決済フレームワークで預金や出金を行いますが、精算には数日かかることがあります。イーサリアムは、ゲームのロジックへの決済や小額決済の統合を容易にします。

オープンソースのスマートコントラクトをゲームに用いることで、ゲームロジックを実行するための、透明で、信頼できる方法を提供できます。歴史的には、Webサイトに金銭を支払うユーザーは、Webサイト所有者が返済義務のある金銭を絶対に返さないリスクとしての**カウンターパーティリスク**（counterparty risk：取引相手リスク）を負っていました。FBIが一連のポーカーWebサイトを2011年に閉鎖したとき、多数のユーザーが、閉鎖されたWebサイトに保持していた金銭を失いました。イーサリアム上のスマートコントラクトは閉鎖したり検閲したりすることができません。コントラクトがユーザーのイーサ出金を認める限り、ユーザーはイーサを出金できます。正しく記述されたスマートコントラクトはカウンターパーティリスクを低減ないし除去します。

ギャンブル場に関する悪い評判として、運に依存するゲームで八百長を行うかもしれないというものがあります。例えば、宣伝されている還元率より実際には還元率が低いデジタルスロットマシーンのようなものです。これに対し、オープンソースのギャンブル用スマートコントラクトは証明済みの確率で運用でき、**証明可能な公正**（provably fair）を担保できます。

イーサリアム上でのゲーミングには欠点があります。ブロックは伝播に15〜30秒かかり、そのことは、賭けを行うなどスマートコントラクトへのすべての更新操作が伝播に15〜30秒かかることを意味します。マイニングされたブロックにトランザクションが入る前の保留期間中、そのトランザクションはネットワークの全参加者から見えます。トランザクションは到着時間ではなくガス価格の順に処理されるため、より高いガス価格を支払った者に先行される可能性があります。トランザクションが賞金付きパズルの解答である場合、また取引所への発注である場合、あるいは秘密が重要な他のどんな場合においても、このことは問題を引き起こします。

1.16 フォローすべき人々

　TwitterとRedditが、暗号コミュニティでの主要コミュニケーション手段です。一般的な暗号通貨に関する議論はTwitterで行われますが、ほぼすべてのプロジェクトにコミュニティ内議論用の公開Reddit内スレッド（subreddit）があります。以下は、イーサリアムに関する最新情報をすべて得るためにフォローすべきTwitterユーザーやインフルエンサーです。

- ヴィタリク・ブテリン（@VitalikButerin）：イーサリアム共同創業者にして、イーサリアム界を支える神童です。彼のブログ（URL https://vitalik.ca/）は、ブロックチェーン技術について深い理解を得るために必読です。
- ギャヴィン・ウッド（@gavofyork）：イーサリアム共同創業者、Solidity開発者、イーサリアムイエローペーパー著者、そしてParity Technologiesの現社長です。
- アレックス・ヴァン・デ・サンデ（@avsa）：イーサリアムファウンデーションのメンバーでMistブラウザーチームのヘッドです。
- ヴラド・ザムフィア（@VladZamfir）：イーサリアムプロトコルの主要開発者の一人で、現在イーサリアムの次世代プルーフ・オブ・ステーク合意システムであるCasperの開発に取り組んでいます。
- テイラー・ゲアリング（@TaylorGerring）：イーサリアムファウンデーション設立に協力し、イーサリアムの運営委員でもありました。
- アンソニー・ディーオリオ（@diiorioanthony）：イーサリアムの前チームメンバーであり、最初のウォレットアプリの一つであるJaxxウォレットの創業者です。
- ジェフリー・ウィルク（@jeffehh）：イーサリアムプロトコルとEVMのリファレンスクライアント実装であるGo Ethereum（geth）のリード開発者です。
- ジョー・ルビン（@ethereumJoseph）：イーサリアム共同創業者であり、イーサリアムシンクタンク、スタートアップアクセラレーター、コード提供者、などさまざまな役割を持つ企業ConsenSysの創業者です。ConsenSysはイーサリアム界で最も大きな企業の一つです。
- チャールズ・ホスキンソン（@IOHK_Charles）：イーサリアムの元CEOであり、イーサリアムクラシックに深く関与し、ブロックチェーン研究企業IOHKを経営しています。

1.17 まとめ

　イーサリアムは、信頼性のあるコード実行を提供する、非中央集権的計算フレームワークです。イーサリアムは「ワールドコンピューター（world computer：世界計算機）」と時に呼ばれ、ワールドコンピューターそのものになることがその最終目的です。ブロックチェーン上のコードは、トランザクションか内部のメッセージによって発動されます。トランザクションはブロックに含まれ、ハッシュパワーを使ってブロックチェーンの安全を確保するマイナーによってブロックチェーンに追加されます。

　Solidityは、イーサリアムのスマートコントラクト作成用に最も人気のある言語で、イーサリアム仮想マシン（EVM）上で実行されるバイトコードへコンパイルされます。EVMの各オプコードには関連付けられたガス手数料があります。オプコードのガス手数料の合計が、トランザクションのガス手数料となります。ガス手数料にユーザーが選んだガス価格を掛けると、トランザクション手数料が求められます。マイナーは、ガス価格でトランザクションを優先順位付けします。

　ユーザーは、プライベートキーによって、イーサとブロックチェーン上の資産の安全を確保します。ブロックチェーン上の資産移転にはすべて、資産の所有者が自身のキーでトランザクションに署名することが求められます。

　セキュリティこそが、イーサリアムにおいて最重要な点です。下手に書かれたコードで引き起こされたハックは、数分のうちに数百万ドルもの価値の消失に至りました。本書ではコントラクトのセキュリティを非常に重視しています。そして、本章で概念的な基礎を押さえたことで、はじめてのスマートコントラクトを書く準備が整いました。

イーサリアム開発環境

本章では、イーサリアムのブロックチェーンを実行するのに必要なツールの設定とインストールについて案内していきます。まずハードウェア要件、オペレーティングシステム要件、ソフトウェア要件を扱います。そしてソフトウェアのインストールについて説明してから、イーサリアムのネットワークとやり取りするための基本コマンドをお知らせします。

2.1 設定を行う

　コンパイル型言語の開発環境設定を過去に行った経験のあるプログラマーなら、Solidityの設定はそれと似ているプロセスだと思うことでしょう。Solidityと関連ツールの設定を行うためには、コマンドラインやUNIX派生のオペレーティングシステムについての知識が少し必要です。はじめて開発を行う方やコマンドラインを使った経験がない方は、Solidityに取り組む前に、「Learn Enough Command Line to Be Dangerous」オンラインチュートリアル（URL https://www.learnenough.com/command-line-tutorial）を一読することをおすすめします。

2.1.1 ハードウェアの選択

　イーサリアムに限らずどんなブロックチェーンの開発においても、最も基本的なハードウェア要件となるものは、信頼性の高いインターネット回線とサイズの大きなハードドライブです。
　一度だけ完了すればよい作業ではあるものの、ブロックチェーンの手元のコピーを同期するには、インターネット回線が良好な場合でも、8時間もかかります。一度だけの同期のためですが、夜通しつないでおける最低5Mbpsのダウンロード回線を見つけておくことをおすすめします。もっと遅い回線での同期も可能ですが、単純に、時間がより長くかかります。トランザクションの全体送信、ピア（peer：他のノード）との通信、新たなブロック情報のダウンロードには、必ずしも広帯域が必要になるわけではないにせよ、いずれも常時接続のインターネット回線が要求されます。一方で日々の作業には、ダウンロードは1Mbps、アップロードは512kbpsの回線で十分でしょう。
　イーサリアムのブロックチェーンは大規模で、常に拡張を続けています。2017年12月時点で、フルアーカイブノードを稼働させると350GBのディスク空間を必要とします[原書注1]。感謝すべきことに、フルノードはステートツリーの最新スナップショットだけで運用でき、2017年12月時点では35GBだけが必要です[訳注1]。同期後にステートツリーのスナップショットを維持するには、現在のブロック以降の地点からアーカイブノードを同期するのに相当する作業が必要です。理想的には空いているディスク空間が400GBあるとよいのですが、フルノードを運用するには最低限75GBの空きがあればよいでしょう。

原書注1　イーサリアムのデータベースサイズ　URL http://bc.daniel.net.nz/
訳注1　　URL https://etherscan.io/chart2/chaindatasizefast によれば、2019年1月現在では120～130GB程度まで増加している

ハードドライブのサイズに関する要件に加え、ドライブはソリッドステートドライブ（SSD）でなければなりません。伝統的なシーク（読み書きヘッドの物理的動作）が起こるハードディスクドライブ（HDD）では遅すぎます。それとは別に、2010年以降に製造されたコンピューターはどれも十分な計算性能とRAMを備えていますので、計算性能とRAMは問題にはならないでしょう。

2.1.2 オペレーティングシステム

本書に出てくるターミナル（コマンドライン）のコマンドは、すべてUNIX派生のオペレーティングシステムのユーザーを対象としています。現代風にいえば、MacかLinuxを使っていれば問題ないということです。ほとんどのコマンドとコードはすべてのシステム上で同じなので、Windowsユーザーも本書の内容についていくのは難しくはないはずですが、もしWindowsを使っている場合は、残りのインストール作業は自力で行うことになります。

> **NOTE**
> **Windowsユーザーの場合**
>
> Windowsユーザーは、本書の内容についていくのが楽になるように、Windowsに移植されたUNIXシェルユーティリティ群であるGnu on Windowsをインストール可能です。インストーラーは、URL https://github.com/bmatzelle/gow/wiki からダウンロードできます。

♠ Linux

各種Linux（Ubuntu、Debian、Red Hat、Arch Linuxなど）はすべて、イーサリアムクライアントを実行するのに必要なツールをもともと備えています。コマンドラインインターフェイス（command-line interface/CLI）上での操作に多くの時間を費やすことになるでしょう。すべてのLinuxシステムにTerminalやBashやShellのような名前の組み込みCLIプログラムがあります。ある種のLinuxはCLIのみですが、ほとんどはそうではありません。多くのLinuxシステムではターミナルへアクセスするためのショートカットは［Ctrl］＋［Alt］＋［t］です。

本書には、aptとyumの両パッケージマネージャー向けに、必要なCLIプログラムのインストール方法が含まれています。パッケージマネージャーがあれば、コマンドラインから他のプログラムや依存関係のあるものを簡単にインストールできます。ほとんどのLinuxディストリビューションには、aptかyumが組み込まれています。どちらがあるかわからない場合、CLIに両方のコマンドを入力して、どちらが実際に動作するかを確認してみてください。図2.1はUbuntu上での組み込みaptマネージャーの出力を示します。

```
kedar@kedar-Latitude-E6430:~$ apt
apt 1.2.15 (amd64)
Usage: apt [options] command

apt is a commandline package manager and provides commands for
searching and managing as well as querying information about packages.
It provides the same functionality as the specialized APT tools,
like apt-get and apt-cache, but enables options more suitable for
interactive use by default.

Most used commands:
  list - list packages based on package names
  search - search in package descriptions
  show - show package details
  install - install packages
  remove - remove packages
  autoremove - Remove automatically all unused packages
  update - update list of available packages

See apt(8) for more information about the available commands.
Configuration options and syntax is detailed in apt.conf(5).
Information about how to configure sources can be found in sources.list(5).
Package and version choices can be expressed via apt_preferences(5).
Security details are available in apt-secure(8).
                         This APT has Super Cow Powers.
kedar@kedar-Latitude-E6430:~$
```

図2.1　aptがインストールされたUbuntuのCLI

　読者がWindowsユーザーで本書のためにLinuxを試したい場合、まず障害となるのは、コンピューター上にLinuxディストリビューションをインストールすることです。インターネット上にあるたくさんの詳細なチュートリアルでLinuxインストールの方法が示されているので、ここではそれは扱いません。もしその方法を選択するなら、Ubuntu 16.04 LTSとVirtualBoxの利用をおすすめします。Ubuntuは最も初心者に優しいバージョンのLinuxで、VirtualBoxはハードドライブを分割したりデュアルブートを設定したりする面倒な作業なしに、仮想環境でLinuxを実行できます。

♠ macOS

　内部では、macOSとLinuxは似たオペレーティングシステムです。両者とも、1970年代にベル研究所で開発されたオペレーティングシステムであるUNIXから派生しています。macOSに組み込まれているCLIプログラムは、ターミナル（Terminal）と呼ばれ、Linuxでそれに相当するものと同様に多くのコマンドが使えます。

> **NOTE**
> **Mac/MacintoshとmacOS**
>
> 　MacあるいはMacintoshは、Appleで製造されたコンピューターの名前で、macOSはMac上で実行されるオペレーティングシステムです。この2つは常に一緒に販売されてきたため、それらの名前はしばしば区別なしに使われます。

本書に関係するところでは、macOSとLinuxという2つのオペレーティングシステムを比べたとき、CLI環境の主要な差異として、macOSにはパッケージマネージャーがないということが挙げられます。Homebrewをインストールしてこの問題を修正しましょう。ターミナルを開き（［Command］＋［スペース］ショートカットで出てくるSpotlight検索ポップアップから開けます）、以下のコマンドをコピーして［Enter］キーを押し、インストールを実行してください。

```
$ /usr/bin/ruby -e "$(curl -fsSL https://raw.¥
githubusercontent.com/Homebrew/install/master/install)"
```

インストールが完了したらターミナルにbrewと入力してください。使えるコマンドのリストを見られるはずです。

2.1.3 プログラマー用ツールキット

どんなプログラミングのプロジェクトでも、いくつか、基本的なプログラミングツールが必要になります。必要なツールとは、テキストエディター、コンパイラー／ランタイム、バージョンコントロールです。イーサリアムのクライアントを詳しく見る前にこれらのツールをインストールしましょう。

♠ テキストエディター

テキストエディター（text editor）はプレーンテキストを編集するためのツールです。プレーンテキスト(plain text：平文)は、文字やシンボルを直接的にバイナリに符号化できる形式です。コードとCLIは、見た目のよいものを好む人間と、すべてのものを0と1で表すコンピューターとの間の、単純な妥協点としてのプレーンテキストを使うようになっています。大半のワードプロセッサーは、実際にはプレーンテキストを編集するわけではありません。Microsoft Wordは、高度なスタイルやフォーマット付けを可能にしたり、Microsoftがユーザーにプラットフォームから出ていきづらくしたりするといった理由により、独自フォーマットを使用しています。

標準的なテキストエディターはどれも、Solidity開発に十分です。テキストエディターを前に使ったことがない方には、まずはSublime TextかAtomがよいでしょう。Javaファンや統合開発環境（IDE）に慣れたモバイル開発者向けには、Remixというイーサリアム開発向けのIDEがありますが、機能が限定的であり、ほとんどの開発者は使っていません。

♠ バージョンコントロール：git

バージョンコントロール（version control）は、コードのバックアップや、コードベースの変更の効率的な追跡、そして複数開発者間でのクリーンな共同作業を可能にするために必須のツールです。gitは最も人気のあるバージョンコントロールシステム（VCS）です。もともとリーナス・トーバルズがLinuxカーネルのソースコードを管理するためにgitを開発しましたが、現在ではgitは圧倒的に多数のソフトウェアプロジェクトで利用されています。

> **NOTE**
> **本書のGitHubリポジトリ**
>
> 本書の公式GitHubリポジトリである URL https://github.com/k26dr/ethereum-games に接続するために、gitを利用していきます。公式のGitHubリポジトリは、本書のためのすべてのプロジェクトコードとリンクを含んでおり、イーサリアムのエコシステムが進化するにつれ、定期的に更新されます。

リスト2.1のようにgitをインストールしてください。

リスト2.1 gitのインストール

```
// macOS
$ brew install git

// Linux
$ sudo apt install git
```

> **NOTE**
> **訳者による補足情報：コマンド入力の書式**
>
> 本書では、ターミナルでのコマンド入力を示す際、
>
> ```
> $ sudo apt install git
> ```
>
> のように、先頭に$を付けて記述します。同様に、gethでのコマンド入力では
>
> ```
> > eth.syncing
> ```
>
> のように先頭に>を付けて、Truffleでのコマンド入力は先頭に`truffle(develop)>`を付けて記述します。
>
> これらの文字列は、実際には入力する必要はありません。

♠ ランタイム：JavaScript

　RPC（Remote Procedure Call：別マシン上の関数呼び出し）経由で、イーサリアムのノードとやり取りするために用いる公式のクライアントライブラリはweb3.jsです。web3.jsを利用するには、Node.jsとNPMのインストールが必要です。Chrome Webブラウザーのソースコード内を掘り下げてJavaScriptエンジンのみを取り出し、それをコマンドラインプログラムに変えたのがNode.jsだとイメージすればよいでしょう。実際そのようにして、ライアン・ダールは、サーバーサイドで使われるJavaScriptの姉妹版である、Node.jsを創造しました。Node.jsはJavaやPythonやSwiftに似たモジュールシステムを用いてコードを整理しています。このプロセスを効率化してWeb上でのモジュール共有を簡単にするために、NPM（Node.js Package Manager）が作成されました。NPMはNode.jsモジュール用のaptやyumのようなものです。NPMをインストールするには、リスト2.2の手順を実行してください。

リスト2.2 Node.jsとNPMのインストール

```
// macOS
$ brew install node

// apt のある Linux
// 2 行目では macOS でのパッケージ名に合わせて node コマンドから
// nodejs プログラムへのショートカットを作成
$ sudo apt install nodejs npm
$ sudo ln -s /usr/bin/nodejs /usr/bin/node
```

♠ コンパイラー：Solidity

　Solidityは、EVMバイトコードにコンパイルされるコンパイル型言語であり、Javaに似ています。Solidityコンパイラーが、本書で最初にインストールするNPMパッケージです。以下のようにしてSolidityコンパイラーをグローバルにインストールしてください。

```
$ sudo npm install -g solc
```

> **NOTE**
> **訳者による補足情報：Solidityコンパイラーのバージョン**
>
> 本書で扱うサンプルコードはSolidity 0.4.21向けに書かれているため、そのまま利用するには最新版のSolidityコンパイラー（バージョン0.5.x）ではなく、バージョン0.4.21のSolidityコンパイラーが必要です。
>
> バージョン0.4.21のSolidityコンパイラーをインストールするには、以下のコマンドをターミナルに入力してください。
>
> ```
> $ sudo npm install -g solc@0.4.21
> ```
>
> インストール完了後、以下のコマンドをターミナルに入力して、正しいバージョンのSolidityコンパイラーがインストールされているかを確認しましょう。
>
> ```
> $ solcjs --version
> ```
>
> このコマンドの出力として0.4.21から始まるバージョン番号が表示されれば、期待するバージョンのSolidityコンパイラーのインストールは成功しています。もし異なるバージョンのSolidityコンパイラーがインストールされていた場合は、以下のコマンドでSolidityコンパイラーをアンインストールしてから、再度バージョン0.4.21のSolicityコンパイラーをインストールしてください。
>
> ```
> $ sudo npm uninstall solc
> ```
>
> 複数バージョンのSolidityコンパイラーをインストールして併用する場合は、以下の内容をコードの先頭に書くことで、特定バージョンのSolidityを利用するように指定できます。
>
> ```
> pragma solidity ^0.4.21;
> ```
>
> Solidity 0.5.0以降のバージョンには、Solidity 0.4系と互換性のない以下の変更が含まれるため、0.5.0以降のバージョンのSolidityコンパイラーを利用する場合、本書に掲載されているコードは修正が必要となります。
>
> - .call()、.delegatecall()、staticcall()、keccak256()、sha256()、ripemd160()の各関数が、引数としてバイト配列1つしか受容しないようになったため、従来のkeccak256(a, b, c)のような呼び出しはkeccak256(abi.encodePacked(a, b, c))と変更が必要
> - ローカル変数はC言語（C99）同様のスコープに従うようになり、宣言されたあとは、同じスコープ内か入れ子になっているスコープ内でのみ利用可能
> - 関数への可視性修飾子の指定が必要

- 構造体、配列、mapping 変数（関数の引数と返り値を含む）へのデータ保存場所（memory または storage）指定が必要
- コントラクト型が address 型のメンバーを含まないようになるため、c がコントラクトのとき、c.transfer(...) は address(c).transfer(...) に、c.balance は address(c).balance に変更が必要
- address 型の変数に対して transfer を呼びたい場合、address payable として宣言が必要
- 空の構造体の宣言禁止
- throw の廃止
- years の廃止（閏年の扱いが面倒なため）
- なお、Solidity 0.5.0 での変更を詳しく知りたい方は、
  URL https://solidity.readthedocs.io/en/v0.5.0/050-breaking-changes.html

にある、変更点一覧を参照してください。

2.2 イーサリアムクライアント

イーサリアムクライアントとは、イーサリアムプロトコルを実装し、イーサリアムのネットワークやブロックチェーンとやり取りするプログラムです。以下はその機能の一部です。

- 新しいブロックチェーンを同期する
- 新しいブロックをダウンロードし検証する
- ピアに接続する
- トランザクションを検証し実行する
- ローカルなトランザクションをネットワーク全体へ送信する
- 基本的なマイニング機能を提供する

イーサリアムクライアントは複数あり、それぞれ長所短所があります。本書では geth と Ganache（ガナーシュ）CLI[訳注2] の2つを使いますが、他の2つである Eth と Parity にも触れますので、それらについても知ることができます。

♠ Geth

Geth は、Go 言語によるイーサリアムプロトコルの公式実装です。Geth は最新のイーサリアムクライアントであり、イーサリアムに関するすべての更新にとって標準となる、リファレンスクライアントとして機能しています。イーサリアムの公式リファレンス実装として、geth に

訳注2 Ganache CLI は Truffle 開発フレームワークを構成する開発ツール群の一つで、以前は TestRPC という名称だった。Ganache は開発用の個人向けローカル環境ブロックチェーンであり、GUIのブロックエクスプローラー機能を含む

はすべての最新セキュリティパッチと更新が適用されています。gethをインストールするには、リスト2.3の手順に従ってください。

リスト2.3 gethのインストール[訳注3]

```
# この行はコメント
# CLI は '#' で始まるすべての行を無視する
# apt のある Linux 用
$ sudo apt install software-properties-common
$ sudo add-apt-repository -y ppa:ethereum/ethereum
$ sudo apt update
$ sudo apt install ethereum

# Mac 用
$ brew tap ethereum/ethereum
$ brew install ethereum
```

♠ Ganache CLI

Ganache CLIは開発用のプライベートなブロックチェーンの実行に特化した軽量イーサリアムクライアントです。本書ではメインネットから隔離されたプライベートネットワークを作成するために利用します。Ganache CLIはTruffleフレームワークに組み込まれており、本章の後ろのほうでTruffleとともに扱います。

♠ Eth

Ethはイーサリアムプロトコルの公式C++実装であり、高い実行性能を要求するマイニングのようなアプリケーションで利用されます。以前はマイニングのアルゴリズム自体をサポートしていましたが、現在ではコードベースのマイニングに関する部分はそれ自体のプロジェクトEthminerへ分離されています。

♠ Parity

Parityはサードパーティによるイーサリアムクライアントで、gethクライアントやMistブラウザーに代わる、ユーザーにとって使いやすいクライアントの提供を目指しています。開発は、イーサリアム共同創業者でコミュニティの著名なメンバーであるギャヴィン・ウッドが率いています。Parityは開発者よりイーサリアムのユーザー向けで、最新機能の実装がgethに遅れがちです。

訳注3 add-apt-repositoryが存在しない場合は、$ sudo apt install software-properties-commonを使うとよい
URL https://www.itzgeek.com/how-tos/mini-howtos/add-apt-repository-command-not-found-debian-ubuntu-quick-fix.html

2.2.1 デプロイ作業

　イーサリアムのアドレスには、ウォレットのアドレスとコントラクトのアドレスの2種類があります。両者は見た目も働きも同様ですが、一方はユーザーに属し、他方はコントラクトに属します。プライベートキーの所有者だけが、ウォレットのアドレスに属するイーサを送信できます。コントラクトのアドレスにはウォレットのアドレス同様に残高があります。コントラクトのコードだけがコントラクトに属するイーサを送信できます。

　理論上は、コントラクトの作成は簡単で、コントラクトのバイトコードをnullアドレス（0x）へ送信すればコントラクトを作成できます。しかし実際は、SolidityコントラクトをEVMバイトコードへ変換する手作業が面倒なので、さらに導入する道具に頼って変換プロセスを簡便化することになります。

♠ Truffle 導入

　Truffle（トラッフル：トリュフのこと）は、SolidityとEVMのための開発フレームワークです。コントラクトのコンパイル、デプロイ、テストができ、ゲームのコントラクトを書くことに集中できるようにしてくれます。Truffleをグローバルにインストールするには、以下のコマンドを使ってください。

```
$ sudo npm install -g truffle
```

> **NOTE**
> **訳者による補足情報：Truffleのバージョン**
>
> 　26ページのNOTEで紹介したSolidity同様、本書はTruffleバージョン4向けに書かれているため、そのまま利用するには最新版のTruffle（バージョン5）ではなく、バージョン4.1.15のSolidityコンパイラーが必要です。
> 　バージョン4.1.15のSolidityコンパイラーをインストールするには、以下のコマンドをターミナルに入力してください。
>
> ```
> $ sudo npm install -g truffle@4.1.15
> ```
>
> 　インストール完了後、以下のコマンドをターミナルに入力して、正しいバージョンのTruffleがインストールされているかを確認しましょう。
>
> ```
> $ truffle --version
> ```

もし異なるバージョンのTruffleがインストールされていた場合は、以下のコマンドでTruffleをアンインストールしてから、再度バージョン4.1.15のTruffleをインストールしてください。

```
$ sudo npm uninstall truffle
```

また、利用するSolidityバージョンの指定が必要です。そのためには、本書リポジトリ

URL https://github.com/k26dr/ethereum-games/blob/master/truffle.js

から取得したtruffle.jsの内容を書き換えます。以下のようにcompilersのキーを追加で指定し、Truffleがバージョン0.4.21のSolidityコンパイラーを利用するよう設定してください。

```
module.exports = {
    networks: {
        // ネットワークの設定
    },
    compilers: {
        solc: {
            version: "0.4.21"
        }
    }
};
```

基本的なコマンドをいくつか実行してTruffleがどんな感じなのか見てみましょう。Truffleがどのように動いているかはあとで詳しく見ていきますが、今のところは、はじめてのコントラクトをプライベートなブロックチェーンにデプロイすることにします。リスト2.4のコマンドを、掲載順に実行してください。`truffle develop`コマンドで、Ganache CLIを実行しているTruffle開発コンソールが起動します。そのコンソールで`migrate`コマンドを実行してください。

> **NOTE**
> **Windowsユーザーの場合**
>
> Windowsユーザーは、Truffleのコマンドを使う場合`truffle`の代わりに`truffle.cmd`を使ってください。例として、`truffle.cmd develop`でTruffle開発コンソールが開きます。

リスト2.4　Truffleでサンプルdappをデプロイする

```
$ mkdir truffle-test
$ cd truffle-test
$ truffle init
$ truffle develop

# このコマンドは Truffle 開発コンソールで実行すること
truffle(develop)> migrate

# 開発コンソールを終了
truffle(develop)> .exit
```

`truffle init`により一連のフォルダーやサンプルファイルが用意され、その中の1つが`contracts`フォルダーです。そこに、Solidityコントラクトのファイルである`Migrations.sol`があるはずです。ファイル内のコードをざっと見てみてください。そのコードこそがここでデプロイしたばかりのコードで、読んでいけばSolidityコントラクトがどのように構成されているかがなんとなくわかります。

Truffleでは、マイグレーション（migration：移行）がデプロイに相当します。Truffleのマイグレーションは実質的にはデプロイ用スクリプトです。Truffleが用意するフォルダーの中には`migrations/`があります。サンプルのマイグレーションファイルもそこにあるはずです。単純なマイグレーションがどんなものか知るために、そのファイルの中身を見てみてください。

おめでとうございます！　自分用の開発用ブロックチェーンを設定し、はじめてのSolidityコントラクトのデプロイを完了しました。

> **NOTE**
> **訳者による補足情報：migrateに失敗する場合**
>
> Truffle開発コンソールで`migrate`を実行する際に、`/usr/`以下のフォルダーに対して書き込み権限がないというエラーが出ることや、応答がなくなってしまうことがあります。
>
> その際は、[ctrl] + [c] キーを複数回押してTruffleを一旦終了させ、`sudo truffle develop`というように、`sudo`を付けてTruffleを再度実行し、`migrate`を実行してください。

2.2.2　基本 geth コマンド

gethはたくさんの機能を扱う、重厚なプログラムです。gethで利用可能なすべてのコマンド一覧を見るには`geth help`を実行してください。コマンド一覧は非常に広範囲にわたります。この節では、必須コマンドの中でもほんの一部を集中的に紹介します。

最初に試すのは、コマンドではありません。オプションやコマンドなしに、**geth**プログラムを実行してみてください。図2.2に近いものが見られるはずです。gethが初回起動し、ピアに接続し、同期プロセスを開始します。[Ctrl] + [c]でgethを終了できます。

```
kedar@kedar-Latitude-E6430:~$ geth
INFO [09-28|14:16:00] Starting peer-to-peer node        instance=Geth/v1.6.7-stable-ab5646c5/linux-amd64/go1.8.1
INFO [09-28|14:16:00] Allocated cache and file handles  database=/home/kedar/.ethereum/geth/chaindata cache=128 ha
INFO [09-28|14:16:00] Initialised chain configuration   config="{ChainID: 1 Homestead: 1150000 DAO: 1920000 DAOSupp
000 Metropolis: 9223372036854775807 Engine: ethash}"
INFO [09-28|14:16:00] Disk storage enabled for ethash caches  dir=/home/kedar/.ethereum/geth/ethash count=3
INFO [09-28|14:16:00] Disk storage enabled for ethash DAGs    dir=/home/kedar/.ethash                 count=2
INFO [09-28|14:16:00] Initialising Ethereum protocol    versions="[63 62]" network=1
INFO [09-28|14:16:00] Loaded most recent local header   number=4256707 hash=e61711…410dcd td=891172962707076110768
INFO [09-28|14:16:00] Loaded most recent local full block  number=4256707 hash=e61711…410dcd td=891172962707076110768
INFO [09-28|14:16:00] Loaded most recent local fast block  number=4256707 hash=e61711…410dcd td=891172962707076110768
WARN [09-28|14:16:00] Blockchain not empty, fast sync disabled
INFO [09-28|14:16:00] Starting P2P networking
INFO [09-28|14:16:02] UDP listener up                   self=enode://4d6897fab3e0de4a67cf8e1126a1245a2cf80331003c62
825d7775276a26a0b3b62f80844a@[::]:30303
INFO [09-28|14:16:02] RLPx listener up                  self=enode://4d6897fab3e0de4a67cf8e1126a1245a2cf80331003c62
825d7775276a26a0b3b62f80844a@[::]:30303
INFO [09-28|14:16:02] IPC endpoint opened: /home/kedar/.ethereum/geth.ipc
INFO [09-28|14:16:22] Block synchronisation started
```

図2.2　gethの起動

gethとやり取りするには、gethをコンソールモードで開く必要があり、コマンド**geth console**を実行しましょう。図2.3のような画面が表示されるはずです。

```
kedar@kedar-Latitude-E6430:~$ geth --verbosity 0 console
Welcome to the Geth JavaScript console!

instance: Geth/v1.6.7-stable-ab5646c5/linux-amd64/go1.8.1
coinbase: 0xf2e6b44e0ffd524bd36cae1a58d9f6ee2edffb1e
at block: 4256707 (Sat, 09 Sep 2017 18:27:32 EDT)
 datadir: /home/kedar/.ethereum
 modules: admin:1.0 debug:1.0 eth:1.0 miner:1.0 net:1.0 personal:1.0

> web3.eth.accounts
```

図2.3　gethコンソール

gethコンソールは、gethとやり取りできるようになる一連のモジュールを公開しています。ウォレットの作成、イーサの送信、コントラクトの作成、コントラクトとのやり取りなどの機能が含まれます。一例として、自分のウォレットの一覧を見るために、コンソールに

```
> eth.accounts
```

と入力してみましょう。現時点ではウォレットをまったく生成していないため、空の配列が返ってきます。「3.1 プロジェクト3-1：トランザクション作成」では、ウォレットを生成してイーサを獲得するので、そのときにgethコンソールとその多数のコマンドに再度触れることになります。コンソールに**exit**と入力してプログラムを終了してください。

gethコンソールを流れるログメッセージが煩わしいと感じるユーザーもたくさんいます。ログメッセージが出ないようにするには、

```
$ geth --verbosity 0 console
```

として、コンソールをサイレントモードで実行してください。

メインネットに加え、gethは**テストネット**（testnet：テスト用ネットワーク）にアクセスしたり、プライベートなネットワークを稼働させたり、イーサリアムプロトコルに準拠する他のどんなネットワークともやり取りしたりできます。貴重なイーサを使わずにコントラクトをテストしたりデプロイしたりするために、本書では頻繁にRinkeby（リンクビー）テストネットへ接続します。Rinkebyテストネットへ接続するには、

```
$ geth --rinkeby
```

を実行してください。Rinkebyのピアに接続すると、Rinkebyネットワークの同期プロセスが開始します。

非開発者にとっては、特にアカウントとウォレットの管理が、gethの中心的機能となります。アカウント管理インターフェイスへアクセスするには、

```
$ geth account
```

を実行してください。アカウント管理に使えるヘルプページと下位コマンドの一覧とが出てきます。

```
$ geth account list
```

を実行して、取りあえずコマンドを1つ試してみましょう。gethコンソールの節でコマンドを試した場合と同様に、空のレスポンスが返ってきます。他にもコマンド`geth account new`で新規アカウント作成ができますが、第3章までは、作成を控えることにします。

dappや外部のクライアントと通信するため、gethはJSON-RPCサーバーを実行できます。gethをRPCモードで実行するには、

```
$ geth --rpc
```

を使ってください。セキュリティ上の理由で、RPCモードのデフォルトではローカルのプライベートキーへアクセスできません。トランザクションに署名して送信するにはRPCがプライベートキーにアクセスできるようにしなければならないので、RPCサーバーを

```
$ geth --rpc --rpcapi web3,eth,net,personal
```

として実行することになります。personalモジュールによってアカウントサービスへのアクセスが可能になります。

> ⚠️ **CAUTION**
> **強いパスワードを使え！**
> personalのRPC APIを有効にすると、gethウォレットがインターネットへ公開されます。他者がイーサを盗むのを防ぐには、ウォレットにパスワードを設定するしかありません。強いパスワードを使ってください。この警告は、本書を通じて何度も繰り返し出てきます。

　ネットワークを2つ同時に稼働させたい場合もあり、第3章以降で、メインネットとRinkebyテストネットとの両者を同時に同期するために、それらを同時に稼働させます。デフォルトでは、gethはネットワーク上で動作するためにポート30303に接続し、RPCサーバー用にポート8545に接続します。ポートには同時に1つのプログラムしかリッスン（listen：待ち受け）できないため、デフォルトではgethのインスタンスを2つ実行しようとすると失敗します。インスタンスの1つを別のネットワークポート（例えば31303）でリッスンさせるには、

```
$ geth --port 31303
```

を実行してください。また、RPCサーバーの1つを別のポート（例えば9545）で実行するには、

```
$ geth --rpc --rpcport 9545
```

を実行してください。

♠ 参考文献

　gethのドキュメントは、GitHubの 🔗 https://github.com/ethereum/go-ethereum/wiki/geth にあります。このページにはgethのコンソールAPIと、gethのコマンドリファレンスとの、両方へのリンクがあります。

　表2.1は、便利なgethコマンドのリファレンスです。本章で触れているものと、後ほどの章になるまで触れられないものがありますが、完全を期するためにここに含めておきます。

表 2.1 便利な geth コマンド

説明	コマンド
基本操作用のデフォルト geth モード	geth
インタラクティブコンソール（サイレントモード）	geth console --verbosity 0
コマンドリファレンス	geth help
Rinkeby テストネット	geth --rinkeby
アカウント管理	geth account
アカウント作成	geth account new
メインネットに同期する	geth --syncmode fast --cache=1024
Rinkeby に同期する	geth --rinkeby --syncmode fast --cache=1024
RPC モード	geth --rpc
RPC モード（ローカルウォレットアクセスあり）	geth --rpc --rpcapi web3,eth,net,personal
任意のネットワークポートをリッスン	geth --port ＜ポート番号＞
任意の RPC ポートをリッスン	geth --rpc --rpcport ＜ポート番号＞

2.3 ブロックチェーンに接続する

　コントラクトのデプロイとネットワークのトランザクションとを実行するには、使いたいネットワークごとにノードを完全に同期する必要があります。本書では、イーサリアムメインネットワーク（メインネット）と Rinkeby テストネットワーク（テストネット）の2つのネットワークを同期することになります。テストネットワーク（test network）はイーサリアムプロトコルを稼働させるネットワークですが、そのトークンは無価値であり、テストを繰り返すと法外に高くなることがあるガス手数料を払わずとも、コードやデプロイやトランザクションをテストできるという利点があります。

　どの公開イーサリアムネットワークにも一意のネットワーク ID があります。イーサリアムメインネットのネットワーク ID は1です。Rinkeby テストネットのネットワーク ID は4です。本書におけるプライベートブロックチェーンのネットワーク ID は、他のネットワークと同じになるのを避けるのに十分な程度に一意であることを唯一の目的とした、ランダムで大きな数値です。

2.3.1 ネットワーク同期

gethはライト（軽量）、フル（完全）、アーカイブ（保存）という3つのネットワーク同期モードを提供します。

ライトノード（light node）はブロックヘッダーを同期しますが、トランザクションを処理したりステートツリーを保持したりはしません。ライトクライアントは、ウォレットを維持したりイーサを送信／受信したりしたいだけのユーザーにとっては有用です。開発者にとってはライトクライアントでは不十分で、フルノードが必要です。

フルノード（full node）は、ブロックチェーンのステートツリーのローカルスナップショットを保持しています。フルブロックをダウンロードし、ブロックトランザクションをブロックチェーンのローカルコピー上で実行し、コンセンサスのプロセスに参加します。フルノードはイーサリアムネットワークの基幹です。ビットトレント（BitTorrent：ファイル共有分散ネットワーク）についてご存じの方は、クライアント間でのイーサリアムのフルとライトの関係を、シード（seed：ビットトレントでのファイルのアップロード者）とリーチ（leech：ビットトレントでのファイルのダウンロード者）との関係になぞらえて考えるとよいでしょう。フルノードは、ネットワークの情報をピアに種まき（シード）し、ライトノードは何も返すことなくネットワークから情報を吸収（リーチ）します。フルノードの同期は8時間もかかる遅いプロセスで、30GBのディスク空間を消費します[訳注4]。

時に**フルアーカイブノード**（full archive node）とも呼ばれる**アーカイブノード**（archive node）は、ステートツリーの現在のスナップショットのみならず、最初のブロック以来ブロックチェーンに起こった、すべての状態変化のコピーを保持します。フルアーカイブノードはイーサリアムノードの大本であり、2017年12月現在、月間30GBのペースで成長しながら、350GBの空間を占めています。フルノードの同期のプロセスを遅いと考えるならば、アーカイブノードの同期はほとんどありえないレベルです。標準的SSDと10Mbpsのインターネット回線がある私のノートPC上での見積もりだと、同期にかかる時間は45日間となります。アーカイブノードを運営したい場合、最も確実な方法は、既存のアーカイブノードからgethのインポート／エクスポート機能を使って、データベースのコピーを作成することです。

本書では、メインネットとRinkebyテストネット向けに、フルノードを同期します。

♠ メインネット

メインネット上のフルノードを同期するには、以下を実行してください。

```
$ geth --syncmode fast --cache=1024
```

訳注4　20ページの訳注で述べたとおり、2019年1月現在では120～130GB程度まで増加している

高速同期はアーカイブなしにフルノードを同期します。このプロセスは、SSDドライブ上で10Mbps以上の速さのインターネット回線を使って約8時間かかります。HDDを使うと2倍から3倍長い時間がかかります。3Mbps以下の回線でも同様です。可能ならば一晩中同期を実行しておくと、朝には準備が整っているはずです。時間を節約するために、メインネットとテストネットを同時に同期することもできます。次にその方法を説明します。

♠ テストネット

　テストネットに関して、本書ではRinkebyテストネットへ同期します。過去のイーサリアム用テストネットとしてはOlympic（オリンピック）、Morden（モーデン）、Ropsten（ロプステン）、Kovan（コヴァン）があります。Kovanテストネットはまだ稼働していますが、Rinkebyテストネットにほぼ取って代わられています。他のテストネットはすべて放棄されています。テストネットを維持するのは非常に困難なことが判明しており、しょっちゅう攻撃に屈しています。この点については、「6.5.5 テストネットの攻撃と問題」で詳しく触れることにします。

　ほとんどの場合、テストネットをメインネットと同時に同期することが想定されますので、テストネットの同期は別のポートで実行することになります。

```
$ geth --rinkeby --port 31303
```

　両方のネットワークを夜通し同期させておき、同期完了時に本書の演習課題を再開してください。

2.3.2 フォーセット

　メインネットのイーサは、取引所でビットコインかフィアット通貨（fiat currency：法定通貨。USドルや日本円など）を払って購入できますが、取引所ではテストネットのイーサは無価値なので扱っていません。この問題を解決するために、大半のテストネットではフォーセット（faucet：蛇口）が利用されます。フォーセットとは、無料で暗号通貨を送ってくれるWebサイトです。フォーセットは、ビットコインの初期に、暗号通貨技術のさわりをユーザーが体験するため、少量のビットコインを取得する早道として生まれましたが、ビットコインが本格的に価値を持つようになると廃れ、今日まともに利用されている用途はテストネット用だけです。

2.4 まとめ

　イーサリアムノードを運用するには大きなSSDと良質なインターネット回線が必要です。75GBのSSDディスク空間と5Mbpsの回線が理想的な最低要件です。

　イーサリアムのスマートコントラクトを開発するのに最適なオペレーティングシステムはLinuxで、Macがそれに次ぐ2番目です。Windowsを使うなら、必ずGnu on Windowsをダウンロードし、`truffle`の代わりに`truffle.cmd`を使いTruffleコマンドを実行してください。

　イーサリアムクライアントはブロックチェーンのローカルコピーの同期と維持を担い、トランザクションを全体に送信したり、デプロイされたコントラクトとやり取りしたりできるようにします。gethとGanache CLIが本書で使う2つの主要クライアントです。Ganache CLIはローカルの開発用ブロックチェーンを提供し、gethを使うとメインネットとRinkebyテストネットへ接続できます。次章では、本章のツールと概念とを使って、単純なトランザクションを全体に送信し、また、はじめてのコントラクトをデプロイします。

Chapter 3

イーサリアムの初歩

本章は最初の応用演習で、イーサリアムに関する基本操作を2つ見ていきます。1つ目のプロジェクトでは、トランザクションを3つのイーサリアムネットワークの全体へ送信します。2つ目のプロジェクトでは、単純なHello Worldコントラクトをデプロイします。

3.1 プロジェクト3-1：トランザクション作成

本演習ではgethコンソールを使いイーサを送信します。以前にウォレットサービスを使ってイーサを送金したことがある読者の方もいるかもしれません。本書では、gethコンソールの言語であるJavaScriptとイーサリアムの公式クライアントライブラリであるweb3.jsを用いて、コマンドラインでイーサを送信します。JavaScriptを知らなくても心配は無用です。本演習では複雑なコードはまったく必要ありません。

3.1.1 ウォレット生成

イーサを送信するには、イーサを所有していなければなりません。イーサを所有するためにはウォレットが必要ですので、いくつかウォレットを生成してみましょう。メインネットのイーサを取得できない方もいるかもしれませんので、メインネットとテストネットの両方で演習を実施します。

♠ メインネット

メインネットにウォレットを生成するには、以下のコマンドを実行してください。

```
$ geth account new
```

パスフレーズ入力を促されるはずです。

本書の課程では、サンプルプロジェクトと演習向けに生成するすべてのプライベートキーのパスワードとして「`ethereum`」を使います。このパスワードや他のパスワードをそのまま使ってはいけません。必ず自前のパスワードを使ってください。

本章の後ろのほうで、gethのRPCサーバーに対し`personal`モジュールを有効にした場合に、自分用の暗号通貨が台無しになる惨事を防いでくれる唯一のものは、そこで入力するパスワードです。強いパスワードを使ってください。

パスワードをタイプしたときにスクリーン上に何も表示されないのを訝（いぶか）しむかもしれませんが、コマンドラインの標準的慣習によりパスワードは完全に隠匿されています。パスワードを入力し確定すると新しいアドレスが表示されます。

最初のアカウントの作成後は、トランザクションの受信側として振る舞う2番目のアカウントを作成してください。

♠ テストネット

テストネット上にアカウントを作成するには、以下を実行してください。

```
$ geth --rinkeby account new
```

テストネットにもアカウントを2つ作成してください。

3.1.2 イーサの取得

イーサを送信するにはイーサを所有している必要がありますので、いくつか入手しましょう。

♠ メインネット

イーサを入手するには2つの方法があり、直接フィアット通貨で購入するか、ビットコインを購入してからビットコインでイーサを購入するかです。アメリカ合衆国、カナダ、ヨーロッパの読者はcoinbaseまたはGEMINIで、銀行口座かクレジットカードを使ってイーサを購入できます。

- coinbase
  URL https://www.coinbase.com/
- GEMINI
  URL https://gemini.com/

中華人民共和国の読者はOKCOINか、BTCCを使えます。

- OKCOIN
  URL https://www.okcoin.com/
- BTCC
  URL https://www.btcc.com/

他の国の読者はCoinmamaでクレジットカードから直接イーサを購入できます。

URL https://www.coinmama.com/

クレジットカードを使えない場合、まずビットコインを購入する必要があります。LocalBitcoinsは、現金で直接ビットコインを購入する場合、世界中でも最良の方法といえるでしょう。

URL https://localbitcoins.com/

ビットコインを取得したら、ShapeShiftや先に言及した他の取引所を使ってビットコインをイーサへ変換できます。

URL https://shapeshift.io/

　イーサを取得できない、もしくは取得に時間がかかりすぎるとしても、本書のどのプロジェクトを実行するときにもメインネットのイーサは必要ないことを把握しておいてください。Rinkebyテストネットはトークンの価値以外すべての点でメインネット同様です。メインネットのように実際のお金が賭けられているわけではないテストネットの場合、メインネットと違ってゲームが本物らしく感じられないかもしれませんが、その差異は精神的なものであって、技術的なものではありません。

♠ テストネット

　Rinkebyは、フォーセットを利用して「テストイーサ」を開発者に配布しています。次のURLを参照してください。

URL https://faucet.rinkeby.io/

> **NOTE**
> **訳者による補足情報：フォーセットの使い方**
>
> 　Rinkebyフォーセットからイーサを得るには、TwitterかFacebookのアカウントが必要です。
> 　イーサリアムアドレスを含む文字列（前後の文字列は考慮されません）を、TwitterまたはFacebookで公開された記事として投稿し、その投稿のURLを上部の入力欄に入力します。右にある［Give me Ether］ボタンから「取得するイーサ量／取得にかかる時間」を選択し、認証が通れば、選択した時間の後、イーサを取得することができます。
> 　もちろん、ここで取得されたイーサは、Rinkebyテストネットのみで使用可能です。

　フォーセットから受信したイーサはメインネットでは使ったり消費したりできません。テストネットのトランザクションが成功したかどうかは、アカウントのアドレスをRinkebyのEtherscan（イーサスキャン）サイト（ URL https://rinkeby.etherscan.io/ ）の検索ボックスに入力して検証できます。私のアカウントに3テストイーサを送信したトランザクションは

URL https://rinkeby.etherscan.io/tx/0xe51f16a048a3832897b19e3cb5ab861d1d708724c47a76d974739604d2bd9b1d

です。
　トランザクションが確定したら、以下のコマンドでRinkebyのgethコンソールを開きます。

```
$ geth --rinkeby --verbosity 0 console
```

gethコンソールが開けたら、以下のコマンドで残高を確認してください[訳注1]。

```
$ eth.getBalance(eth.accounts[0])
```

もし2番目に生成したアドレスを1番目に生成したアドレスの代わりに使っている場合は、`eth.accounts[1]`を代わりに渡してください。`eth.getBalance(address)`は、ネットワーク上のどんなアドレスの残高も確認でき、自分のものではないアドレスでも確認可能です。

図3.1のような大きな正の数値が見られるはずです。

```
> eth.getBalance(eth.accounts[0])
3000000000000000000
```

図3.1 ウォレットの残高

これが、イーサの基本単位であるウェイ（wei）での残高です。1イーサは10^{18}ウェイに相当しますので、イーサでの残高は以下のコマンドで見てください。

```
> eth.getBalance(eth.accounts[0]) / 1e18
```

JavaScriptは指数表記（`1e18`）を認識するため、ここで出てくる数値はRinkebyのイーサ残高です。

3.1.3 geth コマンドラインで偽イーサを送信する

トランザクションをはじめて作成する準備が整いました！　フォーセットから取得したばかりのテストイーサを、Rinkebyテストネットを使って本書の作者のアドレスへ送信してみましょう。Rinkebyのgethコンソールを開き（`--rinkeby`フラグを忘れないようにしてください。これがないと誤って本物のイーサを送信してしまいます）、web3でトランザクションを送信します（リスト3.1）。

リスト3.1 イーサ送信

```
> eth.sendTransaction({
    from: eth.accounts[0],
    to: "0x2fbd98e03bd62996b68cc90dd874c570a1f94dcc",
    value: 1e17,
    gas: 90e3,
    gasPrice: 20e9
})
```

[訳注1] フォーセットからテスト用のイーサをアカウントに入金済みでも、最新のブロックまで同期していないと残高0（もしくは同期時点の残高）が返ってくることがあるため、注意すること

待ってください！「Error: authentication needed: password or unlock」というエラーが出ました。これにより、アカウントは利用する前に解除する必要があるのがわかります。アカウントを解除するには以下を実行します。

```
// password はアカウントのパスフレーズに置換してください
> personal.unlockAccount(eth.accounts[0], password)
```

これで、送信する関数を再度実行してもよくなりました。上下の矢印キーでコマンド履歴内をスクロールできます。リスト3.1のコードを再実行してください。今度は長い16進数が返ってくるはずです。その16進数がトランザクションIDです。RinkebyのEtherscanサイトでそのトランザクションIDを参照してみると、トランザクションの詳細が見えます。Toフィールド（図3.2）のアカウントのアドレスをクリックすると、同じトランザクションを実行した他のすべての読者の一覧が見られます！

```
Transaction Information
TxHash:        0x5cf9afdd1d6b581c52ba3fa7ac332d58549a77be7f8c96fcdc94b2cff7482eb5
Block Height:  1383069 (25 block confirmations)
TimeStamp:     6 mins ago (Dec-09-2017 07:56:08 AM +UTC)
From:          0x0cb510e2f16c36ce039ee3164330d5f00ecf9eac
To:            0x4eac9a8c7a6c3a869cdbff4e06cb552148749206
```

図3.2 Etherscanの「To」フィールド

送信関数に立ち戻って、トランザクションの詳細を見ていきましょう。この関数の厳密な構文は`eth.sendTransaction(txOptions)`です。txはトランザクションを縮めたもので、ブロックチェーン界でたびたび見られる略記です。txOptionsオブジェクトはweb3.jsで送信するトランザクションすべてにかかわり、全部で7つのキーを利用しますが、そのうちここで利用した5つが最もよく出てくるものです。

♠ from

送信者です。このアカウントは、トランザクションに署名できるように解除されていなければなりません。

♠ to

受信者です。コントラクト作成トランザクションをnullアドレスに送信するにはここを空にしてください。

♠ value

送るウェイの量です。入力は任意で、デフォルトは0です。

♠ gas

トランザクションが使えるガスの最大量です。使われなかったガスはユーザーに払い戻されます。ガスの上限を超過すると、トランザクションは`OutOfGasError`をスロー（throw：例外を発生させて処理を中断し、例外ハンドラーが見つかるまで呼び出し元に制御を戻し続けること）し、すべての状態変化を元に戻します。任意で、デフォルトは90e3です。

♠ gasPrice

このトランザクションの、ウェイでのガス単位価格です。ガス価格は通常グウェイ（Gwei：10^9ウェイ）で論じられます。メインネットでのトランザクションはガス価格に応じて優先付けされます。高いガス価格（〜40グウェイ）のトランザクションはすぐ次に来るブロックでマイニングされる傾向があります。低いガス価格（〜1グウェイ）のトランザクションは一般にマイニングに5〜10分かかります。このフィールドは任意です。ネットワークガス価格の平均値がデフォルトとなります。2017年12月時点でのメインネットの平均ネットワークガス価格は約10グウェイです。

♠ data

トランザクションと一緒に送られる生のバイトコードのデータです。web3はこのデータの詳細の面倒を見てくれる補助機能を備えています。このフィールドは任意で、めったに使いません。

♠ nonce

自動的に増加するカウンター[訳注2]（ナンス）で、トランザクションの一意性をネットワークへ示します。手動で設定すると、まだマイニングされていないトランザクションをオーバーライドできます。ガス価格を低く設定しすぎた場合、オーバーライドしたいトランザクションと同じナンスを使って、より高いガス価格でオーバーライドできます。任意のフィールドで、本書

訳注2　送信者のアカウントごとに持つカウンターであり、グローバルに一意な値ではない

では利用しません。

3.1.4 トランザクションの総コスト

トランザクションの総コストは

使ったガス × ガス価格

で計算できます。ここで実行したような送信の操作は21000ガスを消費します。ガス価格を20グウェイと指定すると、操作のコストは0.00042イーサです。Etherscanはトランザクションの詳細を確認するのに非常に役立ち、トランザクションがペンディング状態なのかあるいはマイニングされてきているのか、いつマイニングされたか、ガスがどれだけ使われたか、総トランザクションコスト、などの一覧を表示します。またEtherscanはすべての数値を現在の市場レートで米ドルへ変換します。図3.3はEtherscanでのトランザクションレシートのサンプルです。

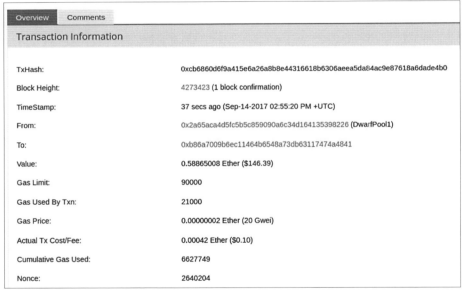

図3.3　Etherscanのトランザクションレシート

3.1.5 挑戦：メインネットでのイーサ送信

gethでのネットワーク選択を別にすれば、メインネットでのイーサ送信プロセスはテストネットでのイーサ送信と同じです。メインネットにgethで接続し、先に作った2つのウォレットを使い、ウォレットの1つから別のウォレットへイーサを送信して、トランザクションをEtherscanで追跡してください。ガス価格を変更すると実行時間が変化するのを観察してください。

ここでの挑戦は、ネットワーク越しの大量送金に慣れるまでは、送金する値を増やすのはゆっくりにしておくことです。暗号通貨の世界に深入りするに従い、アドレスを誤入力したりフィールドを空白のままにしたりする間違い1つでイーサが無に帰することになりかねない大規模トランザクションを実行するようになるでしょう。暗号通貨マスターになるには、大規模トランザクションを実行する自信とスキルとが必須なのです！

3.2 プロジェクト 3-2：デプロイ入門

この演習では、はじめてのコントラクトである単純なHello Worldコントラクトをデプロイします。まず手動でコントラクトをデプロイして必要手順を見ていき、それからTruffleで同様にデプロイを実施して面倒な部分がなくなっていくのを観察します。

3.2.1 Hello World コントラクト

これが単純なHello Worldコントラクトのコードです。contracts/HelloWorld.solに新しいファイルを作成してリスト3.2のコードを書き込んでください。第4章までは、コントラクトの詳細を深く見ていくことはしません。今のところの目的は、コントラクトをイーサリアムのネットワークへデプロイすることです。

リスト3.2 Hello Worldコントラクト (contracts/HelloWorld.sol)

```
pragma solidity ^0.4.15; // コンパイラーに Solidity の最低バージョン番号を指定

contract HelloWorld {
    address owner;
    string greeting = "Hello World";

    // コンストラクター関数
    // コントラクトのデプロイ時に1回だけ実行
    // コントラクトのデプロイ後は呼び出し不可
    function HelloWorld () public {
        owner = msg.sender;
    }
```

```
function greet () constant public returns (string) {
    return greeting;
}

function kill () public {
    require(owner == msg.sender);
    selfdestruct(owner);
}
}
```

　このコントラクトには3つの関数があります。3つの関数ともpublic（公開）指定され、コントラクトのABIからアクセス可能です。

　最初の関数はコンストラクターで、コントラクトと同名でありコントラクトがデプロイされたときに実行されます。コントラクトをデプロイした者をコントラクトの所有者に設定するように書かれています。

　greet関数は定数（constant）関数で、呼び出しによってステートツリーが変更されたりネットワーク上でのトランザクションが要求されたりしないことを意味します。あいさつを表示するのに使います。

　kill関数はすべてのコントラクトで使うことになる共通の関数です。コントラクトが自己解体できるようにしたり、ブロックチェーンが膨れ上がるのを防ぐためにステートツリーからコントラクトが自身を除去したりできるようにします。コントラクトを消滅させられるのはコントラクトの所有者だけです。イーサリアム界の善き市民として、自分の使っていないコントラクトはすべて終了させるべきです。

3.2.2 手動デプロイ

　スマートコントラクトが内部でどのように動いているか理解するために、手動でコントラクトをコンパイルしテストネットへデプロイしていきます。今回が、本書では最初で最後の手動デプロイ実行です。ターミナルで、cdコマンドによってカレントディレクトリをcontracts/フォルダーへ移動し、以下のコマンドを実行してコントラクトをコンパイルしてください。

```
$ solcjs --bin --abi -o bin HelloWorld.sol
```

　--binと--abiのフラグは、バイトコードとABIを出力したいことをそれぞれ示します。それぞれにファイルが1個ずつ、指定された出力フォルダーであるbin/内に作成されます。

このコントラクトをデプロイするには、txObjectのdataフィールドにバイトコードを入れて空アドレスへトランザクションを送信する必要があります。この作業をやってくれるスクリプトを書くこともできますが、どうせ1回しかやらないので、手動でやってみましょう。bin/HelloWorld_sol_HelloWorld.binに作成されたバイトコードファイルを開き、ファイル内の巨大な16進数をクリップボードへコピーしてください。それからRinkebyのgethコンソールを開き、コピーした16進数をbytecodeという変数に文字列として保存してください（図3.4）。

```
kedar@kedar-Latitude-E6430:~/code/ethereum-games/contracts$ geth --rinkeby --verbosity 0 console
Welcome to the Geth JavaScript console!

instance: Geth/v1.6.7-stable-ab5646c5/linux-amd64/go1.8.1
coinbase: 0x2fbd98e03bd62996b68cc90dd874c570a1f94dcc
at block: 893374 (Thu, 14 Sep 2017 14:06:17 EDT)
 datadir: /home/kedar/.ethereum/rinkeby
 modules: admin:1.0 clique:1.0 debug:1.0 eth:1.0 miner:1.0 net:1.0 personal:1.0 rpc:1.0 txpool:1.0 web3:1.0

> bytecode = "60606040526040805190810160405280600b81526020017f48656c6c6f20576f726c6400000000000000000000000000000000000000
341561005b57600080fd5b5b336000806101000a81548173ffffffffffffffffffffffffffffffffffffffff021916908373ffffffff
6001161561010002031660029004906000526020600020906001f016020900481019282601f106100e357805160ff1916838001178555
559160200191906001019061000f5565b5b509050610111e9190610122565b5090565b61014491905b808211156101405760008160009
40526000357c0100000000000000000000000000000000000000000000000000000000900463ffffffff16806341c0e1b51461004957
565b005b341561006957600080fd5b6100716101084565b60405180806020018281038252838181518152602001915080519060200190
505050509050908101906001f1680156100df5780820380516001836020036101000a031916815260200191505b509250505060405180
6101000a900473ffffffffffffffffffffffffffffffffffffffff1673ffffffffffffffffffffffffffffffffffffffff1614151561
fffffffffffff1673ffffffffffffffffffffffffffffffffffffffff16ff5b565b61018c61022d565b60018054600181600116156 1
908181526020018280546001816001161561010002031660029004801561022257806001f106101f757610100808354040283529160200
831161020557829003601f168201915b5050505050905050b90565b602060405190810160405280600081525090565600a165627a7a7230
0029"
```

図3.4　gethコンソールにbytecodeをコピーする

それではコントラクトをデプロイしましょう（リスト3.3）。passwordは必ず自分のパスワードに置き換えてください。

リスト3.3　EVMバイトコードのコントラクトをデプロイする

```
// password は自分のパスワードに置き換えてください
> personal.unlockAccount(eth.accounts[0], password)
> tx = eth.sendTransaction({ from: eth.accounts[0], data: bytecode, gas: 500e3 })
```

アドレスのtoフィールドを省略すると、デフォルトである空アドレスとなります。空アドレスへのトランザクションにdataフィールドを含めるとコントラクト作成トランザクションが実行されます。sendTransaction関数はトランザクションIDを返します。デプロイされたばかりのコントラクトのアドレスを得るには、図3.5のようにトランザクションのレシートの取得を繰り返し試みてください。トランザクションレシート取得は、トランザクションがマイニングされるまでnullを返します。トランザクションがマイニングされるまでに約30秒はかかると思ってください。

イーサリアムの初歩

```
> tx = eth.sendTransaction({ from: eth.accounts[0], data: bytecode, gas: 500e3 })
"0x27747e74f090e9045e8e25be8d0be6a7cf7645fd921df861d20cb4dc439a75c0"
> tx
"0x27747e74f090e9045e8e25be8d0be6a7cf7645fd921df861d20cb4dc439a75c0"
> web3.eth.getTransactionReceipt(tx)
null
> web3.eth.getTransactionReceipt(tx)
null
> web3.eth.getTransactionReceipt(tx)
null
> web3.eth.getTransactionReceipt(tx)
null
> web3.eth.getTransactionReceipt(tx)
{
  blockHash: "0xd060763c608ba31c9c3d1e54fe607df9b470f24688d99e43930830e67474807f",
  blockNumber: 894089,
  contractAddress: "0xed912a558878bb84669d12abc79122fdb165561a",
  cumulativeGasUsed: 277647,
  from: "0x2fbd98e03bd62996b68cc90dd874c570a1f94dcc",
  gasUsed: 277647,
  logs: [],
  logsBloom: "0x000000000000000000000000000000000000000000000000000000000000000000000000000000000000000000000000000000000000000000000000000000000000000000000000000000000000000000000000000000000000000000000000",
  root: "0xd2f66992126a24df12559a2681d9845298d6493e653f7063035496d36581c1b4",
  to: null,
  transactionHash: "0x27747e74f090e9045e8e25be8d0be6a7cf7645fd921df861d20cb4dc439a75c0",
  transactionIndex: 0
}
>
```

図3.5 トランザクションレシート取得の試行

コントラクトとやり取りするには、コントラクトのアドレスとABIを知る必要があります。アドレスはトランザクションレシートから得られます。次のコードでアドレスを取得してください。

```
> address = web3.eth.getTransactionReceipt(tx).contractAddress
```

コンパイラーはABIをコンパイル出力の1要素として出力しますので、バイトコードに対してやったように、出力されたABIをコピーする必要があります。`bin/HelloWorld_sol_HelloWorld.abi`ファイルの中身をコピーし変数abiに保存してください。図3.6のような感じになります。

```
> abi = [{ "constant": false, "inputs": [], "name": "kill", "outputs": [], "payable": false, "type": "function" }, { "constant": true, "inputs": [], "name": "greet", "outputs": [ { "name": "", "type": "string" } ], "payable": false, "type": "function" }, { "inputs": [], "payable": false, "type": "constructor" }]
```

図3.6 Hello WorldコントラクトABI

アドレスとABIの両方を読み込むと、web3でコントラクトオブジェクトを作成してgreet関数を呼び出せます。

```
> HelloWorld = web3.eth.contract(abi).at(address)
> HelloWorld.greet()
```

「Hello World」というあいさつがコンソール内に現れるはずです。やった！ Truffleを使わずに手動でコントラクトをデプロイしました。ありがたいことに、手動デプロイはもう二度とやりません。では同様のデプロイをTruffleを使って行いましょう。

3.2.3 Truffleでのデプロイ

Truffleはデプロイのプロセスを非常に単純にしてくれます。ちょっとした設定で、プライベートブロックチェーン、テストネット、そしてメインネットへコントラクトを簡単にデプロイできるようになります。

♠ Ganacheによる開発用プライベートブロックチェーン

Ganacheによる開発用のプライベートブロックチェーンにコントラクトをデプロイできるようにするには、Truffleのためにマイグレーションファイルを書く必要があります。マイグレーションファイルはTruffleでのデプロイファイルに相当するものであることを覚えておいてください。

migrations/フォルダーに2_hello_world.jsという新しいファイルを作成し、リスト3.4の内容をその中にコピーしてください。

リスト3.4 Hello Worldのシンプルなマイグレーション(migrations/2_hello_world.js)

```
var HelloWorld = artifacts.require("HelloWorld");
module.exports = function(deployer) {
    deployer.deploy(HelloWorld);
};
```

これが、マイグレーションを最も単純に書いた形です。Truffleのマイグレーションは、マイグレーションが動作するときに実行されるコールバックをエクスポートする必要があります。コールバックはdeployer（デプロイ者）を最初の引数として取ります。コントラクトをデプロイするために、このdeployerを使います。

このマイグレーションを実行してコントラクトをデプロイしてみましょう。前のように、developコマンドで開くコンソールの中にmigrateコマンドを入れます。

今回はexitコマンドでコンソールを終了しないでください。コントラクトをデプロイ後もコ

ントラクトとやり取りするのに開発コンソールを使い続けることになります。

```
$ truffle develop
truffle(develop)> migrate -f 2
```

ご覧ください、デプロイされました。手動デプロイよりずっと簡単ではありませんか？ **-f**フラグはTruffleに特定マイグレーションの実行を強制します。マイグレーションのプロセス数については、第4章でより詳しく解説します。

コントラクトとやり取りするために開発コンソールを引き続き利用します。開発コンソールはここでデプロイしたコントラクトを自動的に読み込んでくれます。**greet**関数を実行するのは、次のコマンドです。

```
truffle(develop)> HelloWorld.deployed().then(h => h.greet())
```

すべてのコントラクトについて、**deployed**関数は直近にデプロイされたバージョンのコントラクトへのPromise（プロミス：非同期処理の完了結果を抽象化するJavaScriptオブジェクト）を返します。それから、返されたPromiseが含むコントラクトのインスタンスのABI関数をどれでも呼び出すことができます。

♠ テストネット

テストネットとメインネットについてはTruffleの設定が追加で必要です。本書のTruffleプロジェクトの設定項目はプロジェクトのルート（root：最上階層のディレクトリ）にある**truffle.js**ファイルに入っています。プロジェクトのルートは**truffle init**コマンドを実行したフォルダーです。リスト3.5のようになるよう**truffle.js**ファイルを変更してください。

リスト3.5 Truffle設定(truffle.js)

```
module.exports = {
    networks: {
        development: {
            host: "localhost",
            port: 8545,
            network_id: "*" // すべてのネットワークIDにマッチ
        },

        // ここに新しい設定
        rinkeby: {
            host: "localhost",
            port: 8545,
            network_id: 4
        },
```

```
        mainnet: {
            host: "localhost",
            port: 8545,
            network_id: 1
        }
    }
};
```

`truffle migrate`コマンドにはどのネットワーク設定を使うか指定できる`--network`フラグがあります。デフォルトでは、`truffle.js`ファイルは開発ネットワークの設定情報のみ含んでいます。後ほど見ていくように、Ganache CLI向けに書いたマイグレーションスクリプトはgethネットワークに合わせて修正しなければいけないので、設定ファイルに2つのネットワークを追加しました。

RinkebyとメインネットのネットワークIDを指定することで、デプロイ時にユーザーが間違える、よくある原因を排除できます。Truffleは、デプロイ時に毎回、要求されたネットワークIDがイーサリアムクライアントのネットワークIDにマッチするかどうかを確認します。`truffle migrate --network rinkeby`のようなコマンドでスクリプトをテストネットにデプロイしようとしていたにもかかわらず、うっかりメインネット上でgethを実行してしまっていた場合、Truffleがデプロイを却下します。

♠ プロジェクトをgitにプッシュする場合に注意すべき点

Truffleで複数ネットワークの利用設定を行ったので、マイグレーションファイルを書き換えるときにそれらのネットワークを使えます。Ganache CLIは自動的にアカウントを解除するため明示的に書き換える必要はありません。セキュリティ上の理由からgethは自動的にはアカウントを解除しないので、明示的にマイグレーションファイルを書き換えて、geth用にアカウントを解除する必要があります。

マイグレーションファイル内の`module.exports`コールバックを、リスト3.6のように変更してください。

リスト3.6 マイグレーションファイルでアカウントを解除する (migrations/2_hello_world.js)

```
module.exports = function(deployer, network) {

    // geth 用にアカウントを解除する
    if (network == "rinkeby" || network == "mainnet" ) {
        var password = fs.readFileSync( "password" , "utf8" )
                         .split( '¥n' )[0];
        web3.personal.unlockAccount(web3.eth.accounts[0], password)
    }
    deployer.deploy(HelloWorld);
};
```

パスワードを直接インポートするのではなく、外部のファイルから読み込んでいるのに気付きましたか？　このことは重要です。パスワードを直接マイグレーションファイルに書かないでください。

> **CAUTION**
> **本書で最も重要な内容**
> 以下の数段落は、本書で最重要な段落です。その指示にそのまま従わない場合、アカウントからイーサを全部流出させられる事態に陥る可能性が高いです。忠告はしました。くれぐれもご注意を。

コードをGitHubへコミットしてプッシュすると、すべてのコードが誰からでもアクセス可能となります。インターネット中に、公開GitHubリポジトリをスクレイプ（scrape：APIを介さず表示出力データから目的のデータを抜き出すこと）して回るボットがいて、未熟者がAPIキーやパスワードをコード内にハードコード（hard-code：データを直接ソースコード中に埋め込むこと）するのを待ち受けています。gethをRPCモードで実行したとき、外界とプライベートキーとを隔てるのはパスワードだけであると告げたのを覚えていますか？　まあ、そのパスワードをインターネット上に置いておけば、ハックされるのはほぼ確実ですし、自業自得でしょう。

このパスワードだけでなく、どんなパスワードやAPIキーをも保護する正しい方法は、**.gitignore**ファイルを設置することです。**.gitignore**は、リポジトリに絶対にコミットしないファイルを決定するためにgitが利用するファイルです。プロジェクトのルートに**.gitignore**ファイルを作成し、リスト3.7をその中身に記入してください。

リスト3.7　.gitignoreファイルで暗号通貨貧乏(Cryptopoverty)を避ける

```
build/
password
```

これでパスワードファイルを安全に作成できるようになりました。プロジェクトのルートに**password**という名称のファイルを作成しその中にパスワードを入れてください。マイグレーションファイルはパスワードファイルを読んでパスワードを取得します。マイグレーションでは、パスワードファイルを読むのに、単純にファイルを読む代わりに**fs.readFileSync("password", "utf8").split('¥n')[0];**というコードでパスワードを読んでいます。この理由は、ほとんどのテキストエディターはファイルの最後にデフォルトで改行文字を付加し、Node.jsはその文字を切り捨てないからです。そういうわけでこのコードはファイルを行ごとに分割し無関係な文字の読み込みを避けて最初の行を取ってきます。

CAUTION

チャドの物語にご用心

チャドは以前私が教えていた学生で、AWSのキーが入ったファイルに.gitignoreを設定し忘れました。ハッカーがチャドのキーを手に入れ、それを使って2カ月で20万ドル（約2200万円）もの請求額をチャドのAWSアカウントに被（こうむ）らせ、おそらくはDDoS（分散サービス拒否）攻撃を実行し、恐喝を行っていたようです。

チャドの轍（てつ）を踏んではいけません。パスワードのファイルには **.gitignore** を設定してください。

Summary	Amount
AWS Service Charges	$97,845.09
▸ Usage Charges and Recurring Fees View Invoices	$97,845.09
Other Details	
Total	$97,845.09

Summary	Amount
AWS Service Charges	$97,845.09
▸ Usage Charges and Recurring Fees View Invoices	$97,845.09
Other Details	
Total	$97,845.09

Summary	Amount
AWS Service Charges	$100,658.33
Other Details	
Total	$100,658.33

図3.7 一生ものの負債を目にして寝耳に水のチャド

では、ターミナルの別タブでRinkebyのgethコンソールを開き、他の実行中のイーサリアムクライアントを全部終了してください。Truffleのようなローカルのプログラムがトランザクションを実行するにはgethをRPCモードで実行する必要があります。

passwordファイルがカレントディレクトリで利用可能なように、今後はテストネットとメインネットのすべてのマイグレーションはプロジェクトルートから実行する必要があります。リスト3.8のようにTruffleでコントラクトのデプロイを試行してください。

リスト3.8 Hello WorldをRinkebyへデプロイ

```
# タブ1
$ geth --rinkeby --rpc --rpcapi personal,web3,eth,net

# タブ2
# PROJECT_ROOT（プロジェクトのルート）から実行
$ truffle migrate -f 2 --network rinkeby
```

以前と同様に`migrate`コマンドを使ってコントラクトをデプロイしますが、今回は`truffle`コマンドが先に来ています。これは`migrate`が`truffle`プログラムの下位コマンドだからです。Truffleの下位コマンドを独立したコマンドとして使うには、`truffle`プログラムの最初の引数として与えなければなりません。また、Truffleの下位コマンドは、開発コンソールではどれでも直接呼べます。開発コンソールで呼び出す場合、`truffle`を先頭に付ける必要はありません。

`--network`フラグは、Rinkebyネットワーク向けの設定を使いたいということを示します。デプロイに時間がかかると感じるなら、それは普通です。コントラクトのデプロイには約30秒はかかるでしょう。デプロイが完了したら、コントラクトとやり取りする練習に演習3.1を、コントラクトをメインネットにデプロイしたいなら演習3.2を、それぞれ完了してください。

演習 3.1　テストネットからあいさつする

Truffleコンソールでデプロイされたコントラクトにアクセスし、`greet`関数を実行してください。必要なコマンドを思い出せなければ、「プライベートブロックチェーン」（51ページ）のコードを参照してください。

演習 3.2　メインネットへデプロイする

メインネットへのデプロイは、テストネットでのデプロイと似たプロセスです。`truffle.js`とマイグレーションファイルは、メインネットへのデプロイ用にすでに設定されています。Truffleを用いてHello Worldコントラクトをメインネットへデプロイしてみてください。

3.3　まとめ

本章では、イーサリアムのテストネットで作業を始め、コマンドラインからアドレスを作成してトランザクションを開始しました。それから手動でテストネットへスマートコントラクトをデプロイし、デプロイのプロセスを高速化するためにTruffleライブラリを使用する方法を学びました。

最後に、Truffleでプロジェクトを構築する際、gitをバージョンコントロールに用いる場合の基本的注意事項を調べました。次章では、もっと実践的な例に踏み込む前に、スマートコントラクトの理論的概要を論じるべく、一歩退きます。

Chapter

4

スマートコントラクトの
理論的概要

本章は、Truffle、Solidity、イーサリアムプロトコルに特に焦点を合わせながら、スマートコントラクトのプログラミングの背後にある理論を扱います。本章の形式は、本書後半の章でゲームをプログラミングしていくときに、リファレンスとして使えるように整えてあります。本章の内容は、以前にプログラミング経験のある読者向けです。本章を理解するのに広範な経験は要求されませんが、新米プログラマーは、本章を読む前にまず、CodecademyのJavaScriptのモジュールをいくつか経験しておくべきです。

URL https://www.codecademy.com/learn/introduction-to-javascript

「取りあえず手を動かしてみながら、途中で必要に応じて理論を学ぶ」タイプの方であれば、本章は飛ばして、あとから本章をリファレンスとして頼るのもよいでしょう。「実践的な応用へ飛びつく前に、問題の背後にある理論を把握する」のを好む方は、早速始めていきましょう！

4.1 Truffleの理論

Truffle（URL https://truffleframework.com/）とEmbark（URL https://github.com/iurimatias/embark-framework）は、イーサリアムの二大人気開発フレームワークです。本書ではTruffleを使っていきますが、もしEmbarkを使いたいのであればそれでも大丈夫です。Solidityコードはどちらでも同様に問題なく動きます。

Truffleは、Solidityスマートコントラクトを簡単に開発、テスト、デプロイするための強力な機能群を提供するフレームワークです。本書ではすでに、「3.2.3 Truffleでのデプロイ」でTruffleのさまざまな基本コマンドを使ってきました。本節では、それらのTruffleコマンドをより詳細に見ていき、まだ使っていなかった新機能に光を当てていきます。

4.1.1 設定

Truffleは、適切な設定を行うことで、イーサリアムプロトコルを稼働させるネットワークであればいくつでも利用できます。設定ファイルは、**truffle.js**として設置されています。

「3.2.3 Truffleでのデプロイ」では、3つのネットワーク設定を作成しました。本書の今後のコントラクトでは、それらのネットワーク設定を再利用していきます。第3章で作成した設定をリスト4.1に再掲します。

リスト4.1 Truffle設定ファイル(truffle.js)

```
module.exports = {
    networks: {
        development: {
            host: "localhost",
            port: 8545,
            network_id: "*" // すべてのネットワークIDにマッチ
        },
        rinkeby: {
            host: "localhost",
            port: 8545,
            network_id: 4
        },
        mainnet: {
            host: "localhost",
            port: 8545,
            network_id: 1
        }
    }
};
```

これら3つの設定は、プライベートブロックチェーン(Ganache)、テストネット(Rinkeby)、メインネット、以上のネットワーク用です。各ネットワークには以下のオプションが利用可能であり、その中にはまだ設定していないものもあります。

- `host`：ローカルRPCノードの`localhost`です。ホストされているノードの外部IPかドメインです。
- `port`：稼働しているノードのHTTP RPCポートです。Ganache CLIとgethはデフォルトで8545を使用します。gethが`--rpcport`フラグで独自のポートを利用している場合は、ポートが一致するように、`port`を更新する必要があります。
- `network_id`：ネットワークのネットワークIDです。メインネットは1、Rinkebyは4、全ネットワークにマッチするには*を指定します。
- `gas`（オプション）：トランザクションに指定するガスのデフォルト値です。各トランザクションは、個別に、この値を別の値でオーバーライドできます。デフォルトは90000です。
- `gasPrice`（オプション）：トランザクションのガス価格（ウェイ単位）です。ネットワークの平均ガス価格がデフォルトとなります。この値を設定したい場合、適切な値は20グウェイ（1グウェイ=10^9ウェイ）でしょう。もし1グウェイまで下げたとしても、トランザクションは10分以内に清算されます。
- `provider`（オプション）：web3プロバイダーに渡される詳細設定です。おそらく読者がこれを使うことはないでしょう。

設定ファイルは、ネットワーク設定に加え、テスト用パラメーターの設定にも使えます。本書ではテストを実行しませんが、読者が自身でテストを実行するのは自由です。TruffleはMochaテストフレームワークを利用しています。テスト設定を追加するには、トップレベルのキー mocha を使ってください。Mochaオプションの完全な一覧はMochaのドキュメント内にあります。

URL https://github.com/mochajs/mocha/wiki

リスト4.2はMochaの設定例です。

リスト4.2　テスト設定

```
module.exports = {
    networks: {...},
    mocha: {
        useColors: true
    }
};
```

デフォルトでは、Truffleは、Solidityコントラクトのコンパイル時にsolcの最適化機能を利用しません。最適化機能はコントラクトのサイズを大きく減らし、ガスのコストを節約するのに役立ちます。リスト4.3に、最適化機能を有効化する方法を例示します。

リスト4.3　solc最適化機能設定

```
module.exports = {
    networks: {...},
    solc: {
        optimizer: {
            enabled: true,
            runs: 200
        }
    }
};
```

4.1.2 マイグレーション

マイグレーションは、イーサリアムのデプロイ管理のために用意されたTruffleの機構です。デプロイ用のバージョンコントロールのようなものと考えておくとよいでしょう。RailsのようなWebフレームワークを利用したことのあるWeb開発者は、この概念になじみがあることでしょう。どのマイグレーションにも関連付けられた番号があり、マイグレーションはその番号の順に実行されます。マイグレーションは実行後、明示的に強制されない限り再実行はされ

ません。マイグレーションにより、複数ネットワーク間で同じデプロイを繰り返すのが簡単になります。プライベートなブロックチェーン上でデプロイをテストしてから、同じマイグレーションをメインネット上で再実行することができるのです。

個々のマイグレーションを構成するのは、デプロイのコードが入ったJavaScriptファイルです。リスト3.4で単純なHello Worldマイグレーションを書きました。もし詳細が曖昧になっていたら、少し時間を取って「3.2.3 Truffleでのデプロイ」を復習しておきましょう。リスト4.4は本書のプロジェクトで使っていく標準的なマイグレーションのテンプレートです。

リスト4.4　標準マイグレーションファイル

```javascript
var fs = require('fs');
var Contract = artifacts.require("Contract");

module.exports = function(deployer, network) {

    // geth のためにアカウントを解除
    if (network == "rinkeby" || network == "mainnet") {
        var password = fs.readFileSync("password", "utf8").split('\n')[0];
        web3.personal.unlockAccount(web3.eth.accounts[0], password)
    }

    deployer.deploy(Contract);
};
```

`Contract`をデプロイしたいコントラクトの名前に置換すると、その特定コントラクト用のマイグレーションファイルになります。マイグレーションで複数のコントラクトをデプロイしたい場合、`artifacts`ヘルパーで複数コントラクトを`require`（Node.jsのモジュール読み込み）し、`deployer.deploy`を各コントラクトに対し、1回ずつ実行してください。

マイグレーションファイルは、デプロイ者（`deployer`）とネットワーク（`network`）を2つの引数に取るコールバックをエクスポートしなければなりません。そして、すべてのデプロイはこのコールバック内で起こらなければなりません。内部では、Truffleはすべてのマイグレーションをバッチとしてインポートし、`deployer`と`network`を引数として、コールバックを順に実行していきます。

`deployer.deploy`関数は、一連の引数をコンストラクターに渡すのに使えます。リスト4.5は`Token`のコンストラクターで、名前（`_name`）と供給量（`_totalSupply`）を引数としてインスタンス化できます。

リスト4.5　Tokenコントラクトのコンストラクターの例

```
function Token(string _name, uint _totalSupply) public {
    name = _name;
    totalSupply = _totalSupply;
}
```

このTokenコントラクトは、インスタンス作成時に2つの引数を要求します。コントラクトをマイグレーションでデプロイするには、必要な引数をdeployer.deploy関数に渡すことになります。

```
deployer.deploy(Token, 'UnicornToken', 1e15)
```

本書後半のプロジェクトの章では、このようなインスタンス作成の例を数多く見ることになります。

マイグレーションを実行するコマンドは`truffle migrate`です。このコマンドは、一連の標準的マイグレーション処理を実行し、そこでは新しいマイグレーションのみが実行されます。

しかし、本書のリポジトリは典型的な線形の開発様式を採用しているわけではありません。本書の各ゲームは独立単体のコントラクトであるか、他のゲームに依存しないコントラクトのセットです。この構造に合わせるために、Truffleのマイグレーションフラグを本来の使い方と異なる方法で使って、ゲームを個別にデプロイすることにしましょう。今回の典型的なマイグレーションは以下のようになります。

```
$ truffle migrate -f 2 --to 2
```

この行は2番目のマイグレーションのみ実行します。`-f`フラグはマイグレーションを指定した番号から開始するように強制し、`--to`フラグは最後に実行されるマイグレーションを指定します。

4.1.3 開発環境

Truffleは、簡易的なデバッグとテストに使える、組み込みの開発環境コンソールを備えています。コンソールを実行するコマンドは下記です。

```
$ truffle develop
```

開発環境はバックグラウンドでGanacheプライベートブロックチェーンを実行しています。初期化時に10個のキーペアが作成され、ユーザーがそのキーペアを使えるようになります（図4.1）。

```
kedar@kedar-Latitude-E6430:~/code/ethereum-games$ truffle develop
Truffle Develop started at http://localhost:9545/

Accounts:
(0) 0x627306090abab3a6e1400e9345bc60c78a8bef57
(1) 0xf17f52151ebef6c7334fad080c5704d77216b732
(2) 0xc5fdf4076b8f3a5357c5e395ab970b5b54098fef
(3) 0x821aea9a577a9b44299b9c15c88cf3087f3b5544
(4) 0x0d1d4e623d10f9fba5db95830f7d3839406c6af2
(5) 0x2932b7a2355d6fecc4b5c0b6bd44cc31df247a2e
(6) 0x2191ef87e392377ec08e7c08eb105ef5448eced5
(7) 0x0f4f2ac550a1b4e2280d04c21cea7ebd822934b5
(8) 0x6330a553fc93768f612722bb8c2ec78ac90b3bbc
(9) 0x5aeda56215b167893e80b4fe645ba6d5bab767de

Mnemonic: candy maple cake sugar pudding cream honey rich smooth crumble sweet treat

truffle(develop)>
```

図4.1 Truffle開発コンソール

　開発コンソールはweb3.jsからのweb3接続が初めから張られた状態になっています。リスト4.6は、アカウントとブロック情報にweb3を使ってアクセスする方法を実演しています。

リスト4.6 コンソール内のweb3

```
truffle(develop)> web3.eth.accounts // アカウントを見る
truffle(develop)> web3.eth.accounts[0] // １番目のアカウントのアドレスを取得

// トランザクションのレシートを見る
truffle(develop)> web3.eth.getTransactionReceipt("0xfd8779e35e3b645ab3b3e6d7c219 ⇒
            10f43841d940db7882ec09d9d3627de9501a")
```

　コンソール内では、すべての標準Truffleコマンドを利用可能です。コンソールではコマンドの前に**truffle**と付けなくても、コマンドを実行できます。リスト4.7のコマンドは、コンソール内で有効なコマンドの一部です。

リスト4.7 コンソール内のTruffleコマンド

```
truffle(develop)> compile
truffle(develop)> migrate
truffle(develop)> migrate -f 3 --to 3
```

　さらに、デプロイされたコントラクトにアクセスすることもできます。例えば、Tokenコントラクトの、直近デプロイされたバージョンにアクセスしたいとしましょう。リスト4.8はその方法を実演しています。

リスト4.8　デプロイされたコントラクトにコンソールでアクセスする

```
truffle(develop)> token = Token.at(Token.address) // コントラクトのインスタンス
truffle(develop)> token.name // 名前を見る

// transfer 関数を実行
truffle(develop)> token.transfer(...)
```

4.1.4 スクリプティング

　コントラクトのやり取りは、長かったり繰り返しが多かったりすることがあります。そのため、これらをコンソールで実行するのはうんざりする作業になることがあります。この作業をもっと楽にするために、Truffleは、開発コンソールにスクリプトを読み込めるようにしています。

　Truffle環境でスクリプトを実行するコマンドは`exec script`です。ここでいうスクリプトとはJavaScriptのファイルです。スクリプトは通常のコマンドラインプロンプトから`truffle exec`で実行もできますが、イーサリアムクライアントを別のタブで実行する必要があります。本書ではスクリプトをまったく利用しないため、その方法の詳細はここでは扱いません。

　マイグレーション同様、スクリプト内でのブロックチェーンとのやり取りはすべて、エクスポートされたコールバック関数内に入っていなければなりません。第3章で作成したHello Worldコントラクトのgreet関数を実行したいなら、リスト4.9のコードで実行できます。

リスト4.9　Hello WorldのTruffleスクリプト

```
HelloWorld = artifacts.require('HelloWorld');

module.exports = function () {
    instance = HelloWorld.at(HelloWorld.address);
    instance.greet().then(console.log);
}
```

　スクリプト内では、`artifactes.require`によりコントラクトをインポートでき、デプロイされたコントラクトにコンソール内同様にアクセスできます。

　Truffleでのスクリプティングはバグが出やすく直感的でないので、本書ではスクリプトをまったく利用しません。大量の自動化されたコードを実行する場合、その目的は一般的にはテストとしてのやり取りの実行であり、Truffleのテスト機能を使って行うほうがより単純かつ強力です。

　ほとんどのブロックチェーンとのやり取りは`Promise`を返すので、大規模なスクリプトやテストでは`Promise`のフロー管理が重要になります。`Promise`については、第3章で短く触れました。もし以前に使ったことがなければ、

URL https://developers.google.com/web/ilt/pwa/working-with-promises

で、GoogleによるJavaScriptの`Promise`についてのチュートリアルを見てください。

4.1.5 テスト

常にあるわけではないのですが、本書では時にコントラクト用の自動テストコードを提供しています。テストファイルは、**test/** フォルダー内に置かれています。Truffleは、JavaScriptで書かれたテストと、Solidityで書かれたテストのどちらもサポートします。JavaScriptのテストはブロックチェーンとやり取りするのにweb3.jsライブラリを使い、一方Solidityのテストは直接ブロックチェーン上で実行されます。

JavaScriptでのテスト実行はMochaフレームワークとChaiを利用します。これはJavaScript向けに人気の高いテストフレームワークで、簡潔で使いやすいコマンドラインインターフェイスを備えます。さらに学びたいなら、

URL https://mochajs.org/

でMochaのドキュメントを読めます。

Solidityでのテスト実行は、Truffleが提供する組み込みテストフレームワークを利用します。Solidityのテストは、テスト実行に使える一連のデプロイ済みコントラクトにアクセス可能です。JavaScriptもSolidityも両方とも「クリーンルーム」環境で実行されています。これはつまり、サンドボックス内に隔離された、できたてのデプロイ済みコントラクト群の上で、すべてのテストが実行されることを意味しています。テストは、公開されたデプロイやローカルのデプロイに影響を与えずに、好きな変更を何でも自由に行えます。

すべてのテストファイルを直ちに実行するには、以下のコマンドを使ってください。

```
$ truffle test
```

ほとんどの場合、特定のコントラクトに焦点を合わせた個別のテストファイルを実行することになります。個別のテストファイルを実行するのはこのコマンドです。

```
$ truffle test path_to_file
```

例として、**test/reentrancy.js** テストをプロジェクトルートから実行するコマンドを示します。

```
$ truffle test test/reentrancy.js
```

4.2 EVMの理論

第1章で、EVMはその上ですべてのスマートコントラクトのロジックが実行されるプラットフォームであると学びました。EVM自身は言語非依存で、コンパイラーが生成したバイトコードを実行します。先に言及したように、本書ではすべてのコントラクトをSolidityで書いていきます。SolidityではインラインでEVMアセンブリを使えますが、EVMアセンブリは扱いづらい獣のようなものであり、本書では触れません。

標準的なCPUは32ビットか64ビットのワードを持ちます。計算機の世界においては、ワード（word）とはプロセッサーのレジスターサイズとメモリアドレスのサイズのことです。JVMやEVMのような仮想マシンにもワードのサイズがあります。EVMのワードサイズは256ビット（32バイト）です。これはEVMステートツリーのメモリアドレスが32バイト長のKeccak256ハッシュだからです。EVMステートツリーは非ゼロ値のみを保持するので、Solidityで存在しないメモリアドレスを指す変数はどれもそのデータ型のゼロ値に等しいです。「ゼロ値」（73ページ）の表4.1には、各データ型のゼロ値が載っています。

4.2.1 ガス手数料

EVM仕様のすべてのオプコードには、関連付けられたガス手数料があります。オプコードはEVM上の単一の命令です。例えば、**ADD**オプコードは2つの数値を加算し、3ガス単位がかかります。それに対し、**SSTORE**オプコードはステートツリーに1ワードのデータを保存し、データがゼロ値の場合5000ガス、非ゼロ値の場合20000ガスかかります。データをブロックチェーン上に保存すると高く付きます[原書注1]。

ステートツリーからデータを削除する操作には払い戻しが行われます。**SSTORE**オプコードは、ステートツリーから1ワードのデータを削除すると15000ガスを払い戻します。払い戻しには、トランザクションにかかるガスのコストの半分が上限として設定されています。

Solidityはバイトコードへコンパイルされ、バイトコードは、実際にはただの一続きのEVM用オプコード命令になります。コンパイルされたバイトコード命令のガス手数料の合計が、トランザクションのガス手数料となります。

4.3 Solidityの理論

それでは、制御フロー、関数、データストレージ、コントラクト、ログ、エラー処理、それぞれの基本を見ていき、Solidityを概観しましょう。

原書注1　URL https://ethereum.github.io/yellowpaper/paper.pdf

4.3.1 制御フロー

Solidityでは、基本的なif、else、else if、for、whileの制御構造がそのまま、C言語と同じ構文で使えます。リスト4.10は、オーバー／アンダーベット（over/under bet：両チームの得点が基準点より多いか少ないかを予想する賭け）での支払いに条件分岐を利用する例を示します。

リスト4.10 条件分岐による制御フロー

```
if (totalPoints > bet.line)
    balances[bet.over] += bet.amount * 2;
else if (totalPoints < bet.line)
    balances[bet.under] += bet.amount * 2;
else { // refunds for ties
    balances[bet.under] += bet.amount;
    balances[bet.over] += bet.amount;
}
```

ifとelse ifの部分に見られるように、1行の文の処理本文は括弧（{ }）を省略でき、一方elseの処理本文には2つの文があるため括弧が必要になっていることに注意してください。これは、ほとんどのC言語に影響を受けた言語と同様です。

forとwhileのループは、動作を繰り返すのに使われます（リスト4.11）。continue文はループの次回の繰り返しに移動するのに使われ、break文はループから脱出するのに使われます。このループの実装はC言語とほぼ同様です。

リスト4.11 ループ

```
// for ループ
uint[] memory game_ids = new uint[](games.length);
for (uint i=0; i < games.length; i++) {
    game_ids[i] = (games[i].id);
}
for (uint i = 0; i < games.length; i++) {
    if (games[i].id == game_id) {
        Game game = games[i];
        break;
    }
}

// while ループ
// 取引所の注文台帳に入札を追加する
uint insertIndex = stack.length;
while (insertIndex > 0 &&
       bid.limit <= stack[insertIndex-1].limit) {
    insertIndex--;
}
```

4.3.2 Solidityでの関数呼び出し

リスト4.12は基本的な加算関数をSolidityで書いたものです。

リスト4.12　基本的なSolidity関数

```
function add(uint a, uint b) public pure returns (uint) {
    return a + b;
}
```

関数は、`function`キーワード、名前、引数リスト、オプションの修飾子リスト、オプションの返り値、の順で宣言されます。その中で、修飾子以外はすべて、他の言語でも標準的なものです。修飾子は本章の後ろのほうでより詳しく説明されます。

リスト4.13のように、関数は複数の値を返すこともできます。

リスト4.13　複数の値を返す

```
function getScore (Game game) public view returns 
(uint home, uint away) {
    return (game.homeScore, game.awayScore);
}
```

ここで示したgetScore関数のように、返り値の型のあとに`home`や`away`のような説明的な名前をオプションとして付けることで、関数定義をより明確にできます。

♠ 関数可視性修飾子

可視性修飾子（visibility modifiers）は、関数が実行されるコンテキストを決定します。Solidityには4つの可視性修飾子があります。

- `private`：現在のコントラクトだけがこの関数を使えます。
- `internal`：現在のコントラクトと、現在のコントラクトを継承するコントラクトだけがこの関数を実行できます。
- `external`：トランザクションか、外部コントラクトによってのみ発動されうる関数です。
- `public`：関数がどのように呼び出されるかについての制約はありません。

修飾子が何もない場合のデフォルトの可視性は`public`ですが、ベストプラクティスとしては、各関数に明示的に可視性を宣言しておくべきです。そのようにしておけばParityのマルチシグハックを防げたかもしれません（第5章参照）。

externalとpublicの関数のみがABIを構成します。ABIは「4.3.3 コントラクトABI」でより詳しく論じられます。

♠ ステートパーミッション修飾子

一部の関数だけが、ステートツリーを変更することを許可されています。次の3つの修飾子のどれかとともに宣言された関数は、ステート変更やイーサ送信ができません。

- `view`：ステートツリーから情報を読み出せますが、ステートを変更できません。
- `pure`：ステートツリーを読み出したり変更したりできません。返り値は関数の引数のみに依存します。
- `constant`：`view`の別名です。定数変数と混同するのを防ぐために廃止されました。

物事を単純にしておくためにすべての関数をステートパーミッション修飾子なしで宣言することも、理論的には可能です。しかし、ステートパーミッション修飾子の利用には大きな利点があります。`view`または`pure`関数へのRPC呼び出しは直ちに返ってきて、トランザクションを送信しません。このことは、ガス手数料を払ったりトランザクションのマイニングを待ったりせずに必要な情報を回収できることを意味します。加えて、通常はトランザクション経由で呼ばれると関数は値を返さないので、ステートパーミッション修飾子がイーサリアムクライアントで返り値を見る唯一の方法になります。

♠ payable 修飾子

`payable`修飾子は特別で、関数がイーサを受け取れるようにします（リスト4.14）。普通の関数は、関数呼び出しと一緒にイーサを送信しようとすると、エラーをスローします。`payable`関数により送られたイーサの数量は、`msg.value`からウェイ単位で得られます。

リスト4.14 payable関数

```
function buyLottoTicket() payable {
    require(msg.value == TICKET_PRICE);
    players.push(msg.sender);
}
```

♠ フォールバック関数

どのコントラクトも、フォールバック（fallback：予備）関数を持つことが可能です。他のどの関数もトランザクション呼び出しにマッチしない場合か、トランザクションが関数を指定せずにコントラクトへ送られる場合に、デフォルトで実行される無名関数が、フォールバック関

数です。この関数には、イーサを受け取れるように、payable指定ができます。

　フォールバック関数は一般的に、クラウドセールや宝くじのコントラクトのような、単一種類の購入に用いられるコントラクトで利用されます。イーサをアドレスに送るだけで関数が実行されるので、ユーザーにとって便利です。リスト4.15はEOSクラウドセールでのフォールバック関数の例です。

リスト4.15　EOSクラウドセールのフォールバック関数

```
function () payable {
    buy();
}
```

　実に単純ですね。イーサをコントラクトに送るとbuy（購入）関数が実行されます。ただし依然として、関数が正常に実行されるように、十分なガスが供給されているのをユーザーが確かめる必要があります。

4.3.3　コントラクトABI

　コントラクトのABI（Application Binary Interface：アプリケーションのバイナリレベルでのインターフェイス）は、コントラクトで利用可能なすべての関数を列挙します。publicとexternal関数のみがABIに追加されます。ABIにない関数は、外部のコントラクトからのアクセスができません。

　イーサリアムは、ABIファイルの標準形式としてJSONを用いています。「3.2.2 手動デプロイ」でHello Worldコントラクトをコンパイルした際に、ABIファイルを作成しました。Truffleが内部でABIファイルの作成と読み込みをやってくれるので、通常ABIファイルのことを気にする必要はありません。

　コントラクトを追跡したり外部のウォレットサービスを通じてコントラクトを実行したりするためにはABIへのアクセスが必要です。コントラクトのABIは、build/contracts/にあるJSONファイルのabiキーの中にあります。

4.3.4　データを操作する

　データへのアクセスとストレージはSolidity開発の最も扱いにくい部分です。ブロックチェーン上のストレージは高価なため、Solidityにはストレージ手数料を最小化するために設計されたプログラミング用の構造があります。ここでは、言語組み込みのデータ型を手短に概観してから、そうした構造を見ていきます。

♠ データ型

Solidityは強く型付けされた言語なので、すべての変数には関連付けられたデータ型があります。Solidityで利用可能な型の一覧を見ていきましょう。ほとんどは標準的なものですが、Solidityやイーサリアムに独特なものもあります。

アドレス（address）型のフィールドは、イーサリアムのアドレスを保持するためだけに設計された、20バイトの保存領域です（リスト4.16）。アドレス型は balance と transfer の2つのメンバーを持ち、アドレスの残高確認とアドレスのイーサを転送するのとに使われます。

リスト4.16 アドレス型を使う

```
address user = "0x801aa94F6B13DdF90447827eb905D7591b12eC79";
if (user.balance < 1 ether)
    user.transfer(1 ether);
```

ブーリアン（bool）型が取りうる値は、true か false の2つだけです。

Solidityにはたくさんの整数型があり、int は符号付き32バイト整数で、uint は符号なし32バイト整数です。他に利用可能なのは int8 から int256 まで8の倍数ごとと、uint8 から uint256 まで8の倍数ごとの整数です。つまり int32 と uint224 は有効ですが、int55 は無効です。整数は数値と16進表記のどちらでも割り当てられます。リスト4.17の割り当てはすべて有効です。

リスト4.17 整数の割り当て

```
uint a = 32;
int b = 0x35bb;
uint8 c = uint8(a);
```

現時点ではSolidityは浮動小数点数や固定小数点数をサポートしませんが、すぐにそうではなくなるでしょう。整数で小数演算をシミュレートする方法についてはリスト4.29を参照してください。

Solidityはバイト型も複数サポートしており、bytes1 から bytes32 は指定された数のバイトを保持する固定サイズバイト配列です。bytes は動的サイズのバイト配列で、最初の長さを与えて初期化されなければなりません。配列は73ページでさらに詳細に扱います。

すべてのバイト型は、バイト配列の長さを表す .length プロパティを持ちます。固定サイズ配列だとその値は読み出し専用です。動的サイズの bytes 型では、配列を伸ばしたり縮めたりするために .length プロパティは再割り当てできます。リスト4.18はバイト型を使っているいくつかの例です。

リスト4.18 バイト型

```
byte a = byte(1);

uint b = 0x1573593ab3;
bytes32 c = bytes32(b);
c.length; // 32

bytes d = new bytes(32);
d.length = 64; // ここでdは64バイト配列になっている
```

リスト4.19では`string`は`bytes`の別名ですが、Solidityは`string`をUnicode文字列として解釈します。Solidityの文字列サポートは最低限のものです。文字列結合のような基本的機能は言語に組み込まれておらず、すべての文字列操作には`bytes`への変換が必要です。

リスト4.19 Solidityの文字列サポート（の欠如）

```
string a = "hello";
string b = "world";
string c = a + b; // エラー：文字列結合はサポートされていません
```

`enum`はユーザー定義の値のみが許可されている列挙型で、明示的に整数型に変換可能です。それぞれの列挙値に対する整数の値は、`enum`宣言でのゼロから始まる順序になります（リスト4.20）。

リスト4.20 列挙型

```
enum State { Active, Refunding, Closed }
State state = State.Refunding;
uint(state); // 1
uint(State.Active) // 0
```

`mapping`型はハッシュマップのSolidity版で、キーと値が両方とも指定されたデータ型でなければならないキー／値のストアです。値はどんなデータ型でもよいのですが、キーの型は`address`、`bool`、整数型、固定サイズ配列、固定サイズバイト型に限定されます。最もありふれた`mapping`のユースケースは、トークンやイーサの内部残高の保持です。

```
mapping(address => uint) public balances;
balances[msg.sender] += 10;
```

`mapping`のキーはすべてステートツリー内の一意のアドレスにハッシュ化されているので、理論的には`mapping`はステートツリー全体（2^{256}キー）と同じくらい大きくなる可能性があります。そして、`mapping`のすべての値はそのデータ型のゼロ値で初期化されます。残念ながらこのことは、`mapping`に設定されたキーを取得したり、未設定の値とゼロ値との区別をしたりす

る方法がないことも意味します。設定されたキーを追跡したい場合は別の配列を維持する必要があります。

♠ 配列

配列によって、構造体を含むどんなデータ型の列でも作成できます。Solidityは固定長配列と動的配列の両方ともサポートします。すべての配列は`.length`プロパティを持ちます。固定長配列では`.length`プロパティは読み出し専用です。動的配列は`.length`プロパティを設定することによりサイズを変更できます。`.push`で動的配列の末尾に配列要素を追加でき、配列の長さは自動的に1伸びます。リスト4.21にはよくある配列の例が出てきます。

リスト4.21　配列

```
uint[3] ids; // 空の固定長配列
uint[] x; // 空の動的配列
x.push(2);
x.length; // 1
x.length += 1; // ゼロ値要素を追加
```

♠ 構造体

以上の型では足りない場合や、より複雑なデータ型が必要な場合、SolidityはC言語の構造体に似た`struct`をサポートしています（リスト4.22）。

リスト4.22　構造体

```
struct Bet {
    uint amount; /* ウェイの量 */
    int32 line;
    BetStatus status; /* enum */
}
Bet memory bet = Bet(1 ether, -1, BetStatus.Open);
bet.line; // -1
```

`struct`型は、他のデータ型をメンバーとして持つ複雑なデータ型を定義します。構造体にはどんなデータ型が出てきてもよく、構造体を入れ子にすることも可能です。構造体を宣言すると、構造体のインスタンス作成に用いられるコンストラクターが作成されます。構造体のメンバーは`.`（ドット）記法でアクセスできます（`bet.line`、`bet.amount`など）。

♠ ゼロ値

ゼロ値は未初期化変数のデフォルト値です。すべてのデータ型は関連付けられたゼロ値を持ちます。表4.1は、各データ型のゼロ値の一覧です。

表4.1 Solidityのデータ型のゼロ値

データ型	ゼロ値
整数型	0
bool	false
address	0x0
バイト型	0
配列	[ ]（長さ0）
mapping	キーなし

構造体では、各メンバーは自身の型のゼロ値で初期化されます。

Solidityでは、ゼロ値に設定または初期化された変数は、ステートツリーに含まれません。Solidityの`delete`キーワードは変数をゼロ値にリセットし、ステートツリーから変数を削除します。

♠ 変数可視性修飾子

変数には、ステート（state：状態）とローカル（local：局所的）の2種類があります。ステート変数（state variables）は一般にコントラクトのグローバルスコープで宣言されます。ローカル変数（local variables）は関数の内部で宣言され関数の完了時に破棄されます。ステート変数は`public`、`private`、`internal`として宣言できますが、`external`として宣言することはできません。それらの用語の詳細については68ページの「関数可視性修飾子」を参照してください。

Solidityはすべての`public`ステート変数について、自動的にゲッター（getter：メンバー変数を読み出す関数）として機能するABI関数を生成します。ゲッターは、配列についてはインデックスに、`mapping`についてはキーに相当する引数を1つ取ります。ゲッター関数は`view`関数で、アクセス時にトランザクションを要求しません。リスト4.23はゲッターの利用を実演するのに使うBearコントラクトです。

リスト4.23 変数の型とgetter

```
contract Bear {
    // ステート変数
    string public name = "gummy";
    uint internal id = 1;

    function touchMe (uint times) public pure returns (bool)
    {
        bool touched = false; // ローカル変数
        if (times > 0) touched = true;
        return touched;
    }
}
```

この場合、Solidityが`name`のゲッター関数を生成しますが、`id`と`touched`については生成しません。

♠ ストレージ vs メモリ

Solidityは、ステートツリーとメモリの2カ所を保存場所にします。ステートツリー内のストレージはブロックチェーン上に永続化されますが、メモリは毎回のトランザクション後にクリアされます。ステートツリー上のストレージは高価なので、必要時にのみ利用されるべきです。メモリは安価なので、可能な限りいつでも利用されるべきです。Solidityは、それら2つの場所を、ステートツリーについては`storage`、メモリについては`memory`と呼びます。本書でも以降そのように呼びます。

配列や構造体でないローカル変数やすべてのステート変数は自動で`storage`に強制的に入ります。ローカルの配列と構造体については、どこにその変数を保存するか選択できます。関数引数の配列と構造体は`memory`にデフォルトで入りますが、ローカルの配列と構造体は`storage`にデフォルトで入ります。必要なときには、両者とも、明示的な`storage`キーワードか`memory`キーワードとともに変数を宣言することでオーバーライドが可能です。これらの状況それぞれの例がリスト4.24にあります。

リスト4.24 基本的なデータの場所

```
contract Airbud {
    // ステート変数は強制的に storage に入る
    address[] users;
    mapping(address => uint) public balances;

    function yelp () public payable {
        // ローカル変数はデフォルトで storage に入る
        address user = msg.sender;

        // memory に入るよう宣言されたローカル変数
        uint8[3] memory ids = [1,2,3];
    }
}
```

データの場所の宣言は他の言語には見当たらないので、本書では先に進むにつれて、コード内での`memory`と`storage`キーワードの利用について、あえて明確に説明しています。

4.3.5 コントラクトの構造

Solidityコードのモジュール単位が**コントラクト**です。コントラクトは古典的プログラミング言語でのクラス同様の働きをします。コントラクトは互いを継承でき、修飾子を使って機能をミックスインできます。

♠ 継承

　Solidityでの継承システムに最も近似しているのは、Pythonにおける継承です。Solidityは、`is`キーワードを使った多重継承をサポートしています。関数もしくは変数が子コントラクトになければ、Solidityはエラーをスローする前に親コントラクトにその関数がないか確認します。リスト4.25は基本的な継承の構造を示します。

リスト4.25　コントラクトの継承

```
contract owned {
    function owned() { owner = msg.sender; }
    address owner;
}

contract mortal is owned {
    function kill() {
        if (msg.sender == owner) selfdestruct(owner);
    }
}
```

　ここで、`mortal`は`owned`を継承しています。`owner`変数は`mortal`のローカルスコープとグローバルスコープのどちらにもないため、`kill`関数が`owner`変数にアクセスしようとしたとき、Solidityは`owned`コントラクトに宣言されたインスタンスを使用します。

　本書では継承に関してこれ以上複雑なことは扱いません。Solidityでの継承についてもっと知りたい場合は、ドキュメント

　URL https://solidity.readthedocs.io/en/develop/contracts.html#inheritance

を読んだり、多重継承を使っているOpenZeppelinコントラクト

　URL https://github.com/OpenZeppelin/zeppelin-solidity/blob/master/contracts/token

を調べてみたりしてください。

♠ 修飾子

　本書ではこれまで、Solidityでの関数修飾子と、関数修飾子を使って可視性とステートパーミッションを設定する方法とについて語ってきました。Solidityでは`modifier`キーワードで独自修飾子も作成できるようになっています。`kill`関数へのアクセスをコントラクト所有者に限定するために修飾子を使うよう、継承のコードを書き換えてみましょう（リスト4.26）。

リスト4.26 関数修飾子

```
contract owned {
    function owned() { owner = msg.sender; }
    address owner;

    modifier onlyOwner {
        require(msg.sender == owner);
        _;
    }
}

contract mortal is owned {
    function kill() onlyOwner {
        selfdestruct(owner);
    }
}
```

　コントラクトは、親コントラクトからすべての独自修飾子を継承します。onlyOwner 修飾子は、トランザクションの送信者がコントラクト所有者であることを保証するために使われます。修飾子は呼び出す関数をラップし、_;で元の関数（この場合kill）に実行の制御を譲る（yield）ことができます。リスト4.25とリスト4.26はまったく同じ機能を2つの形式で表現しています。

4.3.6 ログ取得とイベント

　イーサリアムは、2つの独立したトップレベルのデータ構造を持ちます。1つ目は本書でいつも話題にしているステートツリーです。2つ目のログデータベースは、めったに言及されません。Solidityのコントラクトはどちらのデータ構造にも書き込みできますが、ステートツリーからのみ読み出しできます。

　ログは、UI上の動作を発動させるものとしてか、安価な保存形式としての、どちらにも利用できます。Soliditiyは、**イベント**（Events）という、構造体に似た構文でログ取得のために簡単に使えるインターフェイスを備えています。リスト4.27は、例としてWithdrawalイベントを実装したものです。

リスト4.27 イベントでログ取得を行う

```
event Withdrawal(
    address indexed user,
    uint amount,
    uint timestamp
);

function withdraw (uint amount) public {
    Withdrawal(msg.sender, amount, now);
}
```

Solidityの理論 | 77

イベントはeventキーワードと続くイベント名によって宣言されます。慣習上、イベント名は大文字で始まります。イベントのすべてのフィールドはデータ型と名前を持っていなければなりません。イベント内のフィールド数に制限はありません。イベント内のフィールドに3つまで、indexedキーワードで印を付けて、インデックスを付けることができます。フロントエンドのクライアントは、インデックスのあるカラム上で直接クエリーを実行できます。リスト4.27で生成されるイベントを用いると、与えられたユーザーによる全額払い戻しをブロックチェーンに問い合わせできます。

Solidityはlog0、log1...log4関数という、直接ログ取得のための低レベルログインターフェイスも公開していますが、そちらではなくイベントを使っていくべきです。

4.3.7 演算子と組み込み関数

リスト4.28は，Solidityで利用可能な算術演算子の一覧です。演算子はPythonのものと似ています。

リスト4.28　算術演算子

```
uint a = 3;

2 + 3; // 加算
a += 3; // a = a + 3 の簡略表記
a++; // a += 1 の簡略表記

3 - 2; // 減算
a -= 1; // a = a -1 の簡略表記

a--; // a -= 1 の簡略表記
3 * 2; // 乗算
a *= 3; // a = a * 3 の簡略表記

4 / 2; // 整数の除算
3 / 2; // 浮動小数点演算がないため 1 に等しい
a /= 2; // a = a / 2; の簡略表記
10 % 2; // 剰余演算

2**3; // べき乗演算子。2*2*2 に等しい
2e7; // 指数表記。2 * 107 に等しい
```

Solidityには浮動小数点数がないため、すべての除算は整数除算であり、小数が切り捨てられることは注意すべき重要な点です。小数の精度を得るには、リスト4.29のような回避策を用います。

リスト4.29　整数除算での小数精度

```
uint a = 10;
uint b = 3;

// n個のゼロを付加するために 10**n で乗算
// n個のゼロを付加すると、最後のn個の数字が
// 小数桁になる
uint c = (a * 10**6) / b; // 3333333
```

6個のゼロを付加したので最後の6個の数字が小数桁であり、真の答えは3.333333です。本書のゲームではこの回避策を広く用いていきます。

複数の数値を一緒に演算するには、それらが同じ型でなければなりません。一致していない型はエラーをスローします（リスト4.30）。

リスト4.30　演算子の型の一致

```
uint a = 10;
uint b = 3;
int c = 5;
a * b; // 30
b * c; // エラー：型の不一致
```

Solidityは時間を簡単に扱うために組み込みの時間単位を備えています。seconds、minutes、hours、days、weeks、yearsという単位は、どれも自動的に秒に相当するuint値に変換されます。

リスト4.31は、同等な時間をいくつか列挙しています。

リスト4.31　時間の比較

```
1 == 1 seconds; 60 seconds == 1 minutes; 3600 seconds == 1 hour; 1 year == 365 days;
```

UNIXタイムスタンプ（1970/01/01 00:00:00のUNIXエポック以後の秒数）を取得するのにnowキーワードを使えます。nowキーワードを使うことで、例えばリスト4.32のように、遅延動作を簡単に作成できます。

リスト4.32　時間遅延動作

```
contract TimedPayout {
    uint start;

    function TimedPayout () payable {
        start = now;
    }

    function claim () {
        if (now > start + 10 days)
            msg.sender.transfer(address(this).balance)
    }
}
```

デプロイ時にコントラクトへ送られた金額はすべて、10日が経過したあと最初にclaimトランザクションを実行する人が獲得できます。

Solidityには通貨単位がありますが、すでに説明なしに何度も使ってきました。キーワードとしてwei（ウェイ：10^{-18}イーサ）、finney（フィニー：10^{-3}イーサ）、szabo（ザボ：10^{-6}イーサ）、ether（イーサ）がサポートされていますが、finneyとszaboはめったに使われません。本書を含めほとんどのコードは、etherとweiで統一しています。通貨単位はすべて、イーサの最小通貨単位であるウェイのuintへ変換されます。組み込み関数であるmsg.valueは、payable関数へ送られたウェイの量を保持します。リスト4.33に通貨の計算の例がいくつか提示されています。

リスト4.33　通貨の計算

```
1 == 1 wei;
1 ether ==  10**18 wei;
2 ether == 2e18 wei;
2 finney == .002 ether;
if (msg.value == 1 ether) buyLottoTicket();
msg.value; // 1000000000000000000 または1イーサ
```

以下は、グローバル名前空間で使える組み込み変数の一部です。完全な一覧は、Solidityのドキュメントを参照してください。

URL https://solidity.readthedocs.io/en/develop/units-and-global-variables.html#special-variables-and-functions

- `block.number`（uint）：現在のブロック番号／高度
- `now`（uint）：現在のUNIXタイムスタンプ
- `tx.origin`（address）：トランザクションを開始したアドレス
- `msg.sender`（address）：関数呼び出しの送信者のアドレス。`tx.origin`とは異なる。あ

るコントラクトが別のコントラクトを呼び出した場合、`tx.origin` はトランザクションを送信したユーザーのアドレスであり、`msg.sender` は呼び出し元コントラクトのアドレスとなる。`tx.origin` は常にウォレットのアドレス。`msg.sender` はコントラクトのアドレスである可能性がある
- `msg.value`：`payable` 関数に送信されたウェイの数。`payable` 関数ではない関数については常に 0
- `this`：現在のコントラクトの型（名称）。`address(this)` は現在のコントラクトのアドレスを返す
- `this.balance`：`address(this).balance` の別名。現在のコントラクトのイーサ残高

グローバル変数に加え、以下は便利なグローバル関数の一部です。

- `keccak256(...)`：どんなデータ型でもよい引数をいくつでも取り、それらを順に 1 バイト要素の列に変換し、そのバイト列の Keccak256 ハッシュを計算する。EVM で用いられるデフォルトのハッシュ関数
- `sha256(...)`：引数の SHA-256 ハッシュを計算する
- `ripemd160(...)`：引数の RIPEMD-160 ハッシュを計算する
- `selfdestruct(address recipient)`：現在のコントラクトとすべての関連するデータをステートツリーから削除する。`this.balance` の残っているイーサをすべて `recipient`（受取人）に払い戻す

4.3.8 エラー処理

　スマートコントラクトがエラーをスローする場合、現在のトランザクションの最中にステートツリーに加えられた変更がすべてロールバックされます。未使用ガスを払い戻すかどうかはコードで決定できます。悪意の存在を示すエラーの場合は未使用ガスを消費するのが最良の方針ですが、普通のエラーの場合ガスは払い戻すべきです。

　`revert` 関数は手動でエラーをスローするのに使い、未使用ガスをすべて払い戻します。`require(condition)` と `assert(condition)` は、`condition`（条件）が `false` のときエラーをスローして未使用ガスをすべて消費します。本書執筆時点では、`throw` は廃止された古いエラー処理の方法で、古いコード片の中で見るかもしれません。

　`assert` エラーは内部的な一貫性の確認に使用されます。正しく機能しているコードは、`assert` エラーを絶対にスローしないでしょう。もし発生させるなら、コードにバグがあります。疑わしいときは、`require` を使って入力条件を確認してください。どちらを使うかはあなた次第です。どちらを優先的に使ってもコントラクトのセキュリティ上の欠陥にはつながりません。

　リスト 4.34 は、異なるエラー処理メカニズムの利用を実演します。

リスト4.34　エラー処理

```
contract BugSquash {
    enum State { Alive, Squashed }
    State state;
    address owner;

    function BugSquash () {
        state = State.Alive;
        owner = msg.sender;
    }

    function squash () {
        // ここでは決してエラーをスローすべきでない
        assert(owner != address(0));
        if (state == State.Alive)
            state = State.Squashed;
        else if (state == State.Squashed)
            revert(); // ユーザーエラー、ガスを払い戻し
    }

    function kill () {
        // 所有者ではないのにコントラクトを強制終了しようとする者は
        // 誰でも悪意がある可能性が高い
        require(msg.sender == owner);
        selfdestruct(owner);
    }
}
```

4.3.9 イーサリアムプロトコル

　gethインスタンスと通信するのにはRPCサーバーを使用しますが、ネットワーク上のノードは互いにイーサリアムのワイアプロトコル（wire protocol：2点間のデータ通信方法）を経由して通信します。RPCサーバーは、すべてではありませんが、多くのワイアプロトコル機能を外部のクライアントに公開しています。イーサリアムプロトコルの正確な仕様は、GitHubで見ることができます。

　URL https://github.com/ethereum/wiki/wiki/Ethereum-Wire-Protocol

　イーサリアムはピア・トゥ・ピア（peer-to-peer/P2P：複数端末同士が対等の一対一通信を行うこと）のプロトコルです。イーサリアムクライアントは、ブロックとトランザクション情報とを共有するピアの一覧を保持します。トランザクションまたはブロックの全体送信は、ピア一覧内の各ピアへの適切なメッセージ送信を伴い、それから各ピアが、ネットワーク上の全ピアに行き渡るまで、自分の持つピア一覧へその情報を転送します。異常なブロックや異常なトランザクションの受信や伝播を拒絶することにより、このプロセスの間にコンセンサスが強化されます。

> **NOTE　リモート関数呼び出し**
>
> リモート関数呼び出し（Remote Procedure Call/RPC）は、遠隔コンピューター上で計算手続き、関数、プログラムを呼び出すという概念です。WebブラウザーのプロトコルであるHTTPはRPCの1形式ですが、他にもたくさんの形式があります。イーサリアムはJSON-RPCを利用しており、JSON-RPCは遠隔コマンド呼び出しのために改行文字が終端のJSONを送信する単純なRPC形式です。

4.4 まとめ

　本章では、TruffleとSolidityプログラミング言語を使ってコードを書き、テストし、スマートコントラクトをイーサリアム仮想マシンにデプロイする基礎を調べていきました。手短に概観してみましょう。

　Solidityの制御構造はJavaScriptのものに似ています。他の言語にある標準的な条件分岐やループの構造は、Solidityにも同様に実装されています。

　Solidityの関数は、修飾子を使って、関数の可視性を制御したり、ステートツリーへのアクセスを制限したり、イーサを受け取ったりします。他の変更を行うために、独自修飾子を書くこともできます。コントラクトには、コントラクトのデフォルト関数として働くフォールバック関数を定義できます。

　データは、メモリ、ステートツリー、ログデータベースに保存できます。メモリは最も安価ですが永続性はありません。ログも安価なうちに入りますが、書き込み専用でありスマートコントラクトから読み出せません。ステートツリーは高価ですが、完全な読み出しと書き込みのアクセスを提供します。変数は`memory`か`storage`のどちらかに属するよう指定できます。

　Solidityではすべての標準的な算術演算子が利用可能です。さらに、便利な単位と変換を備えた時間と通貨の計算がサポートされています。浮動小数点数はサポートされていないため、小数演算には回避策を用いなければなりません。

　イーサリアムのトランザクションはアトミック（atomic：不可分操作）なので、コード内でエラーをスローすると、トランザクションが行ったすべてのステート変更やログ入力は元の状態に戻されます。エラーは、未使用ガスを消費するか払い戻すかのどちらかの方法でスローされることがあります。

　コントラクトのコードの準備ができると、Truffleでコントラクトをコンパイルできます。コントラクトをデプロイするには、Truffleのマイグレーションを書いて実行しなければなりません。コントラクトはプライベートブロックチェーン、テストネット、メインネットにデプロイできます。本書のプロジェクトは、それら3つすべてにデプロイできるように設定しました。

今や読者は、はじめてのイーサリアムゲームを構築するのに十分な程度にSolidityのことがわかっています。次章では、コントラクトのセキュリティと、ハック不可能な安全なコードを書く方法とを扱います。

Chapter

5

コントラクトの
セキュリティ

強固なセキュリティはブロックチェーン技術の基盤であり、それなくしてはブロックチェーンが伝統的ソフトウェアよりも優れた点はないとすらいえます。本章は、Solidityのセキュリティに関するベストプラクティスを扱います。イーサリアムブロックチェーンそれ自体のセキュリティは、第6章で扱われます。不適切に書かれたコードのせいで、数千ものイーサが、スマートコントラクトから失われたりハックされたりしました。本章のベストプラクティスに従うことにより、そうした問題が自身のコントラクトに発生する可能性を最小化できます。

本章が本書で最も複雑な章です。本章の例を進めていけるなら、本書の残りはここから簡単になっていきます。

5.1 コントラクトのデータは全部公開されている！

ブロックチェーン上の全データは公開されています。イーサリアムのステートツリーに保持されている全データは、ノードのローカルコピーから読み出しできます。

第4章で、プライベート（private）関数と変数について述べました。プライベート関数と変数は、他のコントラクトや外部のクライアントからアクセスできませんが、そのことは中身が完全に秘匿されていることを意味するわけではありません。ブロックエクスプローラーは一般的に、可視性ルールを尊重し、プライベートなデータの表示を拒絶しますが、プライベートなデータがイーサスキャンに表示されないからといって、自己満足に陥らないようにしてください。

すべてのコントラクトは、メインのステートツリーの下位ツリーを所定のストレージ空間とします。

リスト5.1 あまりプライベートではない変数(contracts/ContractSecurity.sol)

```
contract NotSoPrivateData {
    uint public money = 16;
    uint public constant lives = 100;
    string private password = "twiddledee";
}
```

リスト5.1のコントラクトを、Rinkebyテストネットへデプロイしておいてください。すぐに使うことになるので、コントラクトのアドレスは記録しておきましょう。

コントラクトのストレージにアクセスするには、

```
> web3.eth.getStorageAt(contractAddress,index)
```

を利用します。コントラクトのアドレスは、先ほどデプロイしたコントラクトのアドレスに

なります。まだデプロイしていない方のために、ここで使えるようデプロイされたバージョンを 0x3400daf738b1b26451cea087bdcffa919d1c04d8 のアドレスに置いてあります。インデックスは、コントラクト内の変数の順序によります。定数変数はコントラクトのバイトコードにハードコードされていてインデックスがないため、lives もインデックスを持ちません。上記コントラクトでは、money と password はそれぞれ0と1のインデックスを持ちます。

　Rinkebyのgethコンソールを開き、リスト5.2のコードを入力してください。ユーザー入力テキストの各行に、gethが表示する返り値が続きます。

リスト5.2　コントラクトのストレージへのアクセス

```
> contractAddress = "0x3400daf738b1b26451cea087bdcffa919d1c04d8"
"0x3400daf738b1b26451cea087bdcffa919d1c04d8"
> web3.eth.getStorageAt(contractAddress, 0)
"0x0000000000000000000000000000000000000000000000000000000000000010"
> web3.eth.getStorageAt(contractAddress, 1)
"0x74776964646c6564656500000000000000000000000000000000000000000014"
```

　イーサリアムのステートツリーのすべての値は32バイトのワードであることを思い出してください。返り値の16進数の長さを確認すると、それらは文字数が64で、32バイトのストレージに相当するのがわかります。最初のインデックスの値は 0x10（10進数では16）で、1つ目の public 変数である money の値に一致します。

　SolidityはUnicodeのUTF-8で文字列を符号化します。31バイトより短い文字列は単一のワードに保持されます。最後のバイトは文字列の長さ（L）をニブルで示し、文字列自体は最初のLニブルに保持されます。ニブル（nibble）とは、半バイトあるいは16進数文字1文字のことです。ここで、最後のバイトは 0x14 であり、文字列は20ニブル、つまり10バイト長です。ワードの最初の20ニブルは 0x74776964646c6564656565 であり、Unicode文字列として「twiddledee」に復号されます。

これは password 変数の値に対応します。しかし待ってください！ パスワードはプライベートということになっていたはずでした！ これでわかったでしょう、イーサリアムでは何者も真にプライベートではないのです。

　予期していたとおり定数変数 lives はスキップされましたが、値はコントラクトのバイトコードから復号できるので、スキップされたとしても lives が安全に秘匿されていることを意味するわけではありません。デプロイされたコントラクトを載せたイーサスキャンのコードのページに行きましょう。

　URL https://rinkeby.etherscan.io/address/0x3400daf738b1b26451cea087bdcffa919d1c04d8#code

［Contract Creation Code］（コントラクト生成コード）の［Switch to Opcodes View］を選択し、一番下までスクロールしてください。図5.1のように、定数変数の16進数の値である0x64がストレージにプッシュされているのがわかります。EVMアセンブリの復号は本書の範囲外なので、どの文がどの変数に対応するか決定する方法は扱いません。しかし、十分な動機のある攻撃者ならば、その対応を割り出せることは留意すべきでしょう。

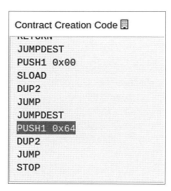

図5.1　バイトコード内の定数を見つける

複雑なデータ型や長い文字列を復号するのは、短い文字列やuintなどの単純なデータ型を復号するほど簡単ではありません。さらに読み進めることに興味があるなら、次のURLにストレージに変数を保存するための完全な仕様があります。

URL http://solidity.readthedocs.io/en/latest/miscellaneous.html#layout-of-state-variables-in-storage

すべての複雑なデータ型は、mappingを除き、コントラクトのストレージから直接復号可能です。ストレージ内のレイアウトから、直接mappingのキーを決定する手段はありません（詳細は上記リンクを参照）。しかし、すべてのトランザクションは公開されており、かつ決定論的なので、コントラクトのソースコードと、そのコントラクトとやり取りしたトランザクション全部の内容とを知ることができれば、どのキーがすでに設定されたか決定できます。それは簡単ではないかもしれませんが、実行可能ではあります。とはいえ、スマートコントラクト内からmappingのキーを決定するのは別のリストを保持しないと依然として不可能であり、この問題に後ほど取り組むことになります。

5.2 失われたイーサ

イーサの送信方法によっては、イーサを不可逆的に喪失してしまう可能性もあります。アドレスであれコントラクトであれ、どちらの残高に保持されているイーサであっても、引き出し不能となることがあります。

5.2.1 アドレス

イーサを失う最も単純な方法は、プライベートキーの写しを全部紛失することです。イーサを送るトランザクションには、すべてプライベートキーでの署名が必要になるので、プライベートキーの写しを全部失えば、イーサにアクセスできなくなります。

これを避ける最良の手段は、キーのバックアップを取ることです。可能なら、キーの代わりにシード (seed：キー生成の種となる初期値) の語句をバックアップすべきです。ほとんどのウォレットのソフトウェアは、シードフレーズ (seed phrase：シード語句) を生成し、それを利用してトランザクションを発行するごとに新しいキーを生成します。毎回のトランザクションに新しいキーを生成すると、リンク分析 (link analysis：ノード間の関係を評価するネットワーク理論のデータ分析方法) によってアドレスの所有者を追跡することがより困難になります。ウォレットのソフトウェアが生成するシードフレーズは平文の英文であり、キーをバックアップする場合にありがちな、細かい写し間違いを見分けるのがずっと簡単になります。

たいていのセキュリティの専門家は、シードのデジタルなバックアップを作成することに対し警告するでしょう。可能ならば、ハックしたりセキュリティを破ったりできないよう、紙にバックアップするのが常に最も安全な方法です。しかし、本人が忘れやすいタイプであったり、紙をなくさない自信がなかったりする場合は、それがたとえデジタルなバックアップであっても、バックアップがないよりはましだといえます。

デジタルなバックアップを取る最も安全な方法は、シードの言葉の半分ずつを2枚の写真に撮り、そのファイルを暗号化された外部ドライブか、ローカルハードドライブ内の別々のフォルダーに保存することです。言葉のテキスト版を保存してしまうと、ウイルスがファイルを解析し、シードフレーズやプライベートキーが含まれているのを決定しやすくなります。たいていのウイルスは洗練された画像認識技術を使えませんが、ウイルス作者がより賢くなり、画像認識できるようになった場合に備え、シードの言葉を2つの画像に分割しておくことで、セキュリティを厚くする層をもう1つ付加することになります。

シードの画像をどのインターネットサービスにもアップロードしてはいけません。クラウド事業者に対するハックは日常的に起こっており、自分が何を入手したかハッカーが悟ったら、一巻の終わりです。

キーを失う他に、無効または存在しないアドレスに送ることによってもイーサは消失します。

gethを含む大半のソフトウェアは、無効なアドレスが使われるのを防ぐために大文字ベースのチェックサムを利用します。**チェックサム**（checksum：誤り検出符号）は入力されたアドレスが有効なことを確認する仕組みです。

大文字と小文字が混在したチェックサム付きアドレスは、EIP 55[原書注1]でイーサリアムに導入されました。アドレスのチェックサムを作成するには、20バイトの通常アドレスのバイナリKeccak256ハッシュを作成します。通常アドレスのインデックス i の文字が文字 a から f で、バイナリのハッシュがインデックス 4 ＊ 1 に 1 を含んでいたら、その文字を大文字にします。もっと単純にいうと、これは、「アドレスを見ていって、疑似乱数的ではあるものの再現可能な形で、文字群の半数を大文字にする」という方法です。このシステムを使えば、間違えて入力したアドレスが有効となる確率を5000回に1回に抑えられます。

チェックサムの恩恵を受けるために、イーサかトークンを送信するアドレスが必ず大文字と小文字の両方を含むようにしてください。小文字だけのアドレスではチェックサムが生成されません。そのため、チェックサムの確認が行われず、コピーやタイプの間違い1つによって、イーサが無に帰すことになります。

5.2.2 コントラクト

gethを使っているときにイーサを失う事例として最もよく起こるのは、トランザクションに to フィールドを入れ忘れることです。そのようにするとイーサはnullアドレスに送られ、コントラクト作成を試みているのと同じことになります。データがないので送ったイーサを含む空のコントラクトが作成され、そのイーサは永久に失われます。この場合の最も悪名高い例は、イーサの価格が1ドル以下だったときに URL https://etherscan.io/tx/0x7614ee2f5deede9748a8c19f092100369a7fc5c59bae8e1938b50c779eb7afa0 のトランザクションで発生しました。本書執筆時点では、失われた1000イーサは何十万ドルもの価値があります。

他のよくある誤りは、コントラクト作成データをnullアドレスではなくゼロアドレスへ送信してしまうことです。これを回避するには、コントラクト作成時点ではコントラクトへの入金を要求せず、コントラクト作成と入金の2つのプロセスを分けてください。そうすれば、事故でゼロアドレスにデータを送信しても、そこで失われるのはガス手数料のみです。ゼロアドレスに送ってイーサを失った人々の一覧はイーサスキャンのゼロアドレスのページで見られます。

URL https://etherscan.io/address/0x0000000000000000000000000000000000000000

原書注1　Githubの「イーサリアム改善提案（Ethereum Improvement Proposal/EIP）55」
URL https://github.com/ethereum/EIPs/blob/master/EIPS/eip-55.md

このページは、イーサリアムのダーウィン賞（Darwin Awards：愚かな死に方をした人を選出する賞）と考えてください。

自己解体するコントラクトは、時に問題となります。自己解体したコントラクトにユーザーがイーサを送ると、そのイーサは回収不能となります。これを防ぐために、コントラクトは自己解体の代わりに一時停止されるよう設計できます。一時停止されたコントラクトは、基本的にやり取りの試行をすべて拒み、引き出しのみを許可します。コントラクトの一時停止については本章の後ろのほうで触れていきます。

5.3 コントラクトへのイーサ保存

コントラクトに送られたすべてのイーサはそのコントラクトへ保存されます。コントラクトへ保存されたイーサは、新アドレスへ送られる場合か、コントラクト関数によってコントラクトが自己解体される場合のみ散逸させられます。イーサ引き出しメソッドのコードを書きそびれると、イーサがコントラクト内に永久に滞留したままになってしまいます。

イーサはコントラクトの payable 関数にのみ送信できます。トランザクションデータのないコントラクトアドレスにイーサが送信されると、コントラクトが payable フォールバック関数を持たない限り、送信は拒絶されます。

コントラクトに payable 関数がないことが、コントラクトの残高がゼロであることを保証するわけではありません。コントラクトAが selfdestruct(*address*) を、コントラクトBのアドレスを引数として呼び出すことにより、イーサをコントラクトBの残高に入れることが依然として可能です。コントラクトAに保持されたすべてのイーサはコントラクトBに送られ、このアクションは拒絶できません。コントラクトBがイーサ引き出しメソッドを何も持っていない場合、コントラクトのイーサは失われます。

こうした問題を避ける最も簡単な方法は、コントラクトに保持されるイーサの量を最小化することです。コントラクトが手元に資金を要しないならば、定期的な間隔で引き出してください。コントラクトがユーザーの残高を保持しているならば、残高を保存する前に、ユーザーに資金を安全に送信するように試みてください。コントラクトが目的を果たしたら、できるだけコントラクトを自己解体させて余分な資金を取り出しておきましょう。ないものは盗めないので、できるだけ早くイーサをコントラクトから取り出してください。

5.4 イーサ送信

イーサ転送関数の不適切な利用は、Solidityのバグやハックの第一の原因です。Solidityにはイーサ送信方法が3つあります（「*address*」は任意のアドレスを指す）。

```
address.transfer(value)
address.send(value)
address.call.value(value)()
```

転送が失敗すると、*address*.transferはエラーをスローし、*address*.sendはfalseを返します。受取者の*address*がコントラクトのアドレスなら、3つの関数はどれも受け取り側コントラクトのフォールバック関数を発動させます。*address*.transferと*address*.sendは両方とも2300ガスで固定されたガス手当（gas stipend：呼び出し先コントラクトが使えるガス上限）を供給しています。これは、イベントのログを取るのには十分なガス量ですが、他には何もできません。コントラクトの受け取り側にもっとガスを供給したい場合、*address*.call.valueを使えば、未使用ガスをすべて対象者へ転送します。

　address.call.valueを利用すると、本章の後ろのほうで論じる**再入可能性**（re-entrancy）攻撃の標的になります。この攻撃はDAOハックの決定的要素で、DAOハックによって何百ものイーサが失われました。

　.transferを利用しない相当な理由がない限り、最も安全である.transferを利用すべきです。リスト5.3は最も単純な支払い形式を示し、コントラクトの残高全体をアドレスへ送信しています。

リスト5.3　単一のユーザーへコントラクトの残高を転送(contracts/ContractSecurity.sol)

```
address receiver = address(15); // ダミーアドレス

function modifyAndPayout () public {
    uint balance = address(this).balance;
    receiver.transfer(balance);
}
```

これがコントラクトからイーサを送信する最も単純な方法です。残高すべてを取得し受け取り側アドレスへ送信します。受け取り側がただ1つでその受け取り側がウォレットのアドレスなら、これで十分です。

　受け取り側がコントラクトのアドレスなら、転送関数はフォールバック関数を実行しようとします。フォールバック関数が存在しないかpayable指定されていないなら、転送はエラーをスローし、支払い関数は実行できません。加えて、.transferはフォールバック関数に2300ガスしか供給しないので、それ以上にガスを消費するならOutOfGasError（ガス不足エラー）で

失敗します。

関数が支払い実行以外の目的を持たないならば、このことは大した問題ではありません。イーサを受け取りたいなら適切なフォールバック関数を作成するのが、各コントラクト作者の務めです。しかし、リスト5.4のように、関数が複数の転送を行っていたり他のステート更新を実行したりする場合には、転送の失敗に伴って、そうした転送や更新はロールバックされます。攻撃者はこれに乗じてコントラクトを封鎖し、コントラクトが望ましい状態に到達できないようにします。

リスト5.4 下手なコードで書かれた、複数の受け取り手への転送(contracts/ContractSecurity.sol)

```
// 警告：利用しないこと。不適切なコード
contract TrustFund {
    address[3] public children;

    function TrustFund (address[3] _children) public {
        children = _children;
    }

    function updateAddress(uint child, address newAddress) public {
        require(msg.sender == children[child]);
        children[child] = newAddress;
    }

    function disperse () public {
        uint balance = address(this).balance;
        children[0].transfer(balance / 2);
        children[1].transfer(balance / 4);
        children[2].transfer(balance / 4);
    }

    function () payable public {}
}
```

リスト5.4は、子 (children) の1つ (children[0]) が半分のお金を得て、他の2つの子 (children[1]とchildren[2]) がそれぞれ4分の1ずつを得るよう、TrustFundコントラクトを組み立てます。TestFundコントラクトは、コントラクトへの入金に使える空のpayableフォールバック関数と、子がアドレスを更新可能とするupdateAddress関数とを持ちます。

自分が2番目の子 (children[1]) であり、公正な分け前を得ていないことを気にしているならば、自分のアドレスをフォールバック関数なしの空コントラクトのアドレスに更新することで、誰も資金にアクセスできないようにしてコントラクトを封鎖できます。

```
contract SaltyChild {}
```

このコントラクトは空であり、またフォールバック関数がないので、そのアドレスに送られたイーサはすべて拒絶されます。そして、1番目の子がdisperse関数を実行して自身の資金にアクセスしようとすると、2番目の子への失敗した転送が3つすべての転送をロールバックして、誰も自分の資金にアクセスできなくなることが発覚します。

リスト5.5は、.transferの代わりに.sendを使うようdisperse関数を修正して、この特定の事例を解決します。

リスト5.5 固定数のアドレスへイーサを安全に分配(contracts/ContractSecurity.sol)

```
function disperse () public {
    uint balance = address(this).balance;
    children[0].send(balance / 2);
    children[1].send(balance / 4);
    children[2].send(balance / 4);
}
```

このようにすると、.sendはエラーをスローせずに2番目の子へのイーサ送信処理時にfalseを返し、他の皆がイーサを受け取れます。

固定数アドレス向けのこの解決法は、転送の数が多いか不明な場合向けにも使えるような汎用のものではありません。リスト5.6はそうした状況を表すコントラクトを作成します。

リスト5.6 多数のアドレスへのイーサ送信：危険(contracts/ContractSecurity.sol)

```
// 警告：利用しないこと。不適切なコード
contract Welfare {
    address[] recipients;

    function register () public {
        recipients.push(msg.sender);
    }

    function disperse () public {
        uint balance = address(this).balance;
        uint amount = balance / recipients.length;
        for (uint i=0; i < recipients.length; i++) {
            recipients[i].send(amount);
        }
    }

    function () payable public public {}
}
```

前のコントラクト同様、このコントラクトは、アドレスにイーサを送信して入金できます。しかし今回は、誰でも払い出しを受ける目的で登録でき、受取人の数は不明です。送金に.sendメソッドを使っているので、単一の受取人がすべての待ち行列を止めることはありえません。

しかし、登録してくる人が多すぎる場合はどうでしょう。各送信操作は9000ガスを消費します。1000人が登録すると、`disperse`関数には900万ガスが必要になります。ブロックのガス上限は現在約700万です。`disperse`関数を実行すると`OutOfGasError`をスローするでしょう。攻撃者はこれに乗じてコントラクトにスパム行為に及んだり、多数のダミーアドレスを登録したりできます。これによってコントラクトのイーサが封鎖されることになります。

これらの問題を避けるSolidityでのベストプラクティスは、内部残高の操作に「引き出し関数」を利用することです。次の節で、それがどのようになるか見ていきましょう。

5.5 引き出し関数

引き出し関数は、トランザクションごとに1回しか転送を行いません。これにより、内部残高と組み合わせると、転送がスローする例外によってイーサを封鎖されるのは、悪意があるか無能なユーザーに限定されることを保証できます。リスト5.7は、単純なルーレットのコントラクトの内部残高をどのように実装するかを示します。

リスト5.7はベストプラクティスに従っておりコントラクトで安全に利用可能です。

リスト5.7 内部残高(contracts/ContractSecurity.sol)

```
// よいコード！
contract Roulette {
    mapping(address => uint) public balances;

    function betRed () payable public {
        bool winner = (randomNumber() % 2 == 0);
        if (winner)
            balances[msg.sender] += msg.value * 2;
    }

    function randomNumber() public returns (uint) {
        // この部分は後ほどの節で実装
        // 今のところは0から36の数値を返すと思えばよい
    }

    function withdraw () public {
        uint amount = balances[msg.sender];
        balances[msg.sender] = 0;
        msg.sender.transfer(amount);
    }
}
```

コントラクトは、残高の内部的な対応付けを保持しています。この対応付けが保存できるアドレスの数に、制限はありません。ユーザーが賭けに勝つと、そのユーザーに直接イーサを転送する代わりに、内部残高が更新されます。その後、そのユーザーは別のトランザクションでイーサを引き出せます。

実際には、この特定のコントラクトは、引き出し（withdraw）のコードなしで安全に書けます。betRed関数がリスト5.8のように書かれていれば、引き出しのコードと内部残高は不要になります。

リスト5.8　安全なルーレットの代替実装 (contracts/ContractSecurity.sol)

```
function betRed () payable public {
    bool winner = (randomNumber() % 2 == 0);
    if (winner)
        msg.sender.transfer(msg.value * 2);
}
```

安全を期すには、引き出し関数を使うのが最善です。直接払い出しを行うには、可能性のある攻撃経路について毎回注意深く検討する必要があります。リスト5.7の引き出しメソッドは安全であり、常に機能します。

それではWelfare（福祉）コントラクトに立ち返ってみましょう。意図どおりに動作させるには、どのように設計すればよいでしょうか。入金のたびに、すべてのユーザーの内部残高を直接保存することはできません。それは、1000個の転送ができないのと同じ理由で、ガスのコストがあるからです。ストレージの1ワードを書き込む／更新するSSTOREオプコードは、20000ガスを消費します。1000個の残高の更新は2000万ガスを消費し、ブロックのガス上限を大きく超過します。代わりに、WelfareTwoコントラクト（リスト5.9）ではすべての入金と各ユーザーが引き出した個別の量とを追跡することになります。

リスト5.9　安全に多数の受取人にイーサを送る (contracts/ContractSecurity.sol)

```
contract WelfareTwo {
    address[] recipients;
    uint totalFunding;
    mapping(address => uint) withdrawn;

    function register () public {
        recipients.push(msg.sender);
    }

    function () payable public {
        totalFunding += msg.value;
    }

    function withdraw () public {
        uint withdrawnSoFar = withdrawn[msg.sender];
```

```
        uint allocation = totalFunding / recipients.length;
        require(allocation > withdrawnSoFar);

        uint amount = allocation - withdrawnSoFar;
        withdrawn[msg.sender] = allocation;
        msg.sender.transfer(amount);
    }
}
```

配分（allocation）は、全入金額の各ユーザーへの公平な分配として計算されます。引き出し関数は、ユーザーが引き出す量より配分が大きいことを要求し、大きければユーザーに配分が送られます。この設計では、各転送は個別のトランザクション内で発生するため、コントラクトが扱える受取人の数に制限はありません。さらに、残高は、引き出し段階で`mapping`である`withdrawn`の更新により追跡されているので、トランザクションごとに1回より多くステート更新が発生することもありません。

この時点までで、`.transfer`と`.send`のみを使いイーサを送ってきました。コントラクトのアドレスが引き出しを試みる場合、どちらの関数も外部のフォールバック関数に2300ガスのみ割り当てます。複雑なフォールバック関数を持つコントラクトがイーサを引き出せるようにしたい場合は、どうすればよいでしょうか。リスト5.10は、残高を2人のユーザーに分けるコントラクトを示します。

リスト5.10 複雑なフォールバック関数(contracts/ContractSecurity.sol)

```
contract Marriage () {
    address wife = address(0); // ダミーアドレス
    address husband = address(1); // ダミーアドレス
    mapping (address => uint) balances;

    function withdraw () public {
        uint amount = balances[msg.sender];
        balances[msg.sender] = 0;
        msg.sender.transfer(amount);
    }

    function () payable public {
        balances[wife] += msg.value / 2;
        balances[husband] += msg.value / 2;
    }
}
```

リスト5.10は、すべての入金を、夫と妻の間で50対50に分けるコントラクトです。前述のようにステートツリーの1ワードを更新するには20000ガスを消費するので、フォールバック関数は、転送の2300ガスの割り当てを大きく超過します。リスト5.11は、`Marriage`（結婚）コントラクトで利用できるようにリスト5.7の引き出し関数を修正しています。

リスト5.11のコードは安全ですが、次の節を読んで再入可能性の危険性を理解することなしに使ってはいけません。

リスト5.11 引き出しに複雑なフォールバック関数を呼べるようにする

```
// 警告：再入可能性を理解せずには絶対に利用してはいけない
function withdraw () public {
    uint amount = balances[msg.sender];
    balances[msg.sender] = 0;
    bool success = msg.sender.call.value(amount)();
    require(success);
}
```

`address.call.value(amount)()`関数（引数`amount`は金額）は、前節で言及したイーサ送信の3番目の方法です。`address.call(data)`は外部コントラクトの関数をどれでも呼ぶのに使え（引数`data`はアドレスで実行するバイトコード）、与えられた金額とガスで外部呼び出しを行うために`.value(amount)`と`.gas(limit)`の2つの修飾子を受容します。リスト5.11のように`.gas`が省略されると、このメソッドは、デフォルトですべてのガスを転送します。

ここでは`address.call`は外部呼び出しが成功したかどうかを示すブール値を返します。転送が失敗すると`require`文はすべてのステート変更をロールバックします。

5.6 外部コントラクトの呼び出し

外部コントラクトの動作は制御できないため、複雑な動作を実行するのに十分なガスを外部コントラクトへ渡すのは危険である可能性があります。再入可能性攻撃を行ったり、レースコンディション（race condition：「5.6.2 レースコンディション」参照）を引き起こしたりする悪意のあるコードを、外部コントラクトが実行することもあります。未知の外部関数へのすべての呼び出しは、潜在的な攻撃経路として扱われるべきです。

5.6.1 再入可能性攻撃

外部コントラクトへの呼び出しが、呼び出し元コントラクトへ再入[訳注1]する悪意ある関数を発動させる場合に、**再入可能性**攻撃が発生します。リスト5.12では、再入可能性攻撃によってハックできる不適切なルーレットのコントラクトを作成します。

この節のコードを使用しないでください。ここでのコード片はすべて再入可能性攻撃に対して無防備です。安全で利用可能なコードに関しては「5.5 引き出し関数」の節のコードを参照してください。

訳注1　関数実行中に、同じ関数が再度呼び出されること

リスト 5.12 再入可能性攻撃に対し脆弱なコントラクト (contracts/ReentrancyAttack.sol)

```solidity
// 警告：利用しないこと。不適切なコード
contract HackableRoulette {
    mapping(address => uint) public balances;

    function betRed () payable {
        bool winner = (randomNumber() % 2 == 0);
        if (winner)
            balances[msg.sender] += msg.value * 2;
    }

    function randomNumber() returns (uint) {
        // ここは後ほどの節で実装
        // 差し当たってはデフォルトで0を返す
    }

    function withdraw () {
        uint amount = balances[msg.sender];
        msg.sender.call.value(amount)();
        balances[msg.sender] = 0;
    }
}
```

　これと安全なルーレットのコントラクトとの唯一の違いは、withdraw関数の最後の2行です。ユーザーの残高を0にする前に転送が起こり、*address.transfer*の代わりに*address.call.value*が使われているので、残りのガスすべてが転送されます。

　このことは、引き出しを行っているコントラクトがHackableRouletteコントラクトへ再入可能なことと、再入時点での引き出し者の残高がまだ満額であることを意味します。リスト5.13は、これらのセキュリティホールに乗じてHackableRouletteからすべてのイーサを流出させるコントラクトを書いたものです。

リスト 5.13 再入可能性攻撃でコントラクトの中身を空にする (contracts/ReentrancyAttack.sol)

```solidity
contract ReentrancyAttack {
    HackableRoulette public roulette;

    function ReentrancyAttack(address rouletteAddress) {
        roulette = HackableRoulette(rouletteAddress);
    }

    function hack () payable {
        // コントラクトが賭けに勝ち非ゼロの残高を持つまで赤に賭ける
        while (roulette.balances(address(this)) == 0)
            roulette.betRed.value(msg.value)();
        roulette.withdraw();

    }
```

```
// HackableRoulette.withdraw に呼び出されるフォールバック関数
function () payable {
    if (roulette.balance >= roulette.balances(address(this)))
        roulette.withdraw();
}
}
```

このコントラクトは、`HackableRoulette`コントラクトのアドレスを用いてインスタンス生成され、`hack`関数が呼び出されるとまず、勝つまで賭けを行います。こうすることが必要なのは、イーサを引き出すには`HackableRoulette`コントラクトの内部残高が非ゼロでなければならないためです。

残高が非ゼロになったら、`roulette.withdraw()`呼び出しにより引き出しループを開始できます。ルーレットの`withdraw`関数はそれからイーサを`ReentrancyAttack`コントラクトへ送り、`ReentrancyAttack`コントラクトのフォールバック関数を発動させます。フォールバック関数はもう1つの引き出しを実行し、残高がまだ0にされていないために、`HackableRoulette`は満額の残高から再度引き出すことを`ReentrancyAttack`に許してしまいます。`HackableRoulette`のコントラクトの残高が`ReentrancyAttack`の内部残高より少なくなるまでこのループは続き、その時点になるとそれ以上イーサを流出させられなくなります。

本書の公式GitHubリポジトリを使ってこの攻撃を自分で試せます。

- コントラクト
  URL https://github.com/k26dr/ethereum-games/blob/master/contracts/ReentrancyAttack.sol

- マイグレーション
  URL https://github.com/k26dr/ethereum-games/blob/master/migrations/5_reentrancy_attack.js

- テストファイル
  URL https://github.com/k26dr/ethereum-games/blob/master/test/reentrancy.js

これらのURLで、コントラクト、マイグレーション、テストファイルのすべてが提供されています。動作しているのを見るには、プロジェクトルートから

```
$ truffle test test/rentrancy.js
```

を実行してください。

この攻撃を防ぐには2つの方法があり、外部のコントラクトを呼び出す前に残高を0にするか、供給されるガスを限定し再入可能性を防ぐために`msg.transfer`を使うかです。両方を使うと、リスト5.7の安全な実装に立ち返ることになるでしょう。それでも複雑な外部フォールバック関数を実行可能としたい場合、リスト5.14なら可能です。続く「演習：再入可能性を防ぐ」で、再入可能性攻撃を自分で試してみましょう。

リスト5.14 複雑なフォールバック関数を安全に許可する

```
function withdraw () {
    uint amount = balances[msg.sender];
    balances[msg.sender] = 0;
    msg.sender.call.value(amount)();
}
```

演習 5.1　再入可能性を防ぐ

最初にリスト5.7のコードを、次にリスト5.14のコードを反映するように、`HackableRoulette`コントラクトを修正してください。修正ごとに再入可能性テストを再実行し、コントラクトのイーサを流出させようとする場合にテストが失敗するのを見届けてください。

5.6.2 レースコンディション

レースコンディション（race condition）は、外部コントラクトを呼び出す際に起こりうるバグの種類を指す、一般的用語です。外部関数呼び出しの中でどんな未知のステート変更が起こる場合でも、レースコンディションが発生する可能性があります。再入可能性攻撃はレースコンディションの一形式です。レースコンディションの他の形式は、2つのコントラクトが両方とも第三者である別のコントラクトの同じ変数を変更していると、起こる可能性があります。再入可能性に関連しないレースコンディションはまれであり、本書では本書のゲームで発生する場合のみ扱います。

5.7 一時停止可能コントラクト

大量のイーサを扱ったり限られた時間内にイーサを受け取ったりするコントラクトはすべて、**一時停止（suspend）可能**であるべきです。

コントラクトが大量のイーサを保持した状態で致命的バグが見つかると、コントラクトの一時停止はコントラクトを引き出し専用モードに設定でき、コントラクトの外部との安全でないやり取りを防げます。

トークンセールのように、コントラクトが限られた時間だけイーサを受け付ける場合、コントラクトを強制終了する代わりに一時停止することによって、参加が遅すぎた投資家がイーサを失うことを防げます。リスト 5.15 は一時停止可能なトークンセールのコントラクトの例です。

リスト 5.15 一時停止可能なコントラクト（contracts/ContractSecurity.sol）

```
contract TokenSale {
    enum State { Active, Suspended }

    address public owner;
    ERC20 public token;
    State public state;

    function TokenSale(address tokenContractAddress) public {
        owner = msg.sender;
        token = ERC20(tokenContractAddress);
        state = State.Active;
    }

    // イーサ（ETH）とトークンの1対1交換
    function buy() payable public {
        require(state == State.Active);
        token.transfer(msg.sender, msg.value);
    }
    function suspend () public {
        require(msg.sender == owner);
        state = State.Suspended;
    }

    function activate () public {
        require(msg.sender == owner);
        state = State.Active;
    }

    function withdraw() public {
        require(msg.sender == owner);
        owner.transfer(address(this).balance);
    }
}
```

このコントラクトには、状態を追跡する列挙型（`State`）があります。投資家がトークンを購入するには、状態が動作中（`Active`）でなければなりません。どの時点でも、コントラクトの所有者はコントラクトを一時停止し、投資家のトークン購入を防げます。また所有者は、コントラクトを一時停止後に再有効化できます。コントラクトが一時停止されていても、コントラクトの所有者はいつでもコントラクトからすべてのイーサを引き出せます。

コントラクトが一時停止されている場合、コントラクトにイーサを送ろうとする試みはすべて拒絶されます。コントラクトを自己解体させるよりは、この挙動のほうがましです。自己解体されたコントラクトは、プライベートキーなしのウォレットアドレスに相当します。自己解体されたコントラクトへ送られたイーサは、すべて失われます。投資家が、一時停止されたコントラクトにイーサを過失で送っても、コントラクトはトランザクションを拒絶し、イーサを失うことなく返却します。

5.8 乱数生成

イーサリアムは決定論的環境であるため、Solidityは乱数生成に使える組み込みのエントロピー源を持ちません。エントロピー源に最も近いものとしてここで使えるのは**ブロックハッシュ**です。ブロックのマイニングにより、推測不能のブロックハッシュが生成されます。`block.blockhash(block.number-1)`という式で、コントラクトの直近の**ブロックハッシュ**（blockhash）にアクセスできます。リスト5.16は、`block.blockhash`を用いて、**乱数生成器**（Random-Number Generator/**RNG**）の利用を実演します。

リスト5.16 親ブロックハッシュからの乱数（contracts/ContractSecurity.sol）

```
function random(uint seed) public view returns (uint) {
    return uint(
        keccak256(block.blockhash(block.number-1), seed)
    );
}
```

この関数は、親のブロックハッシュをユーザー生成のシードでハッシュ化してから、バイト列の整数表現を取得します。シードを変更すると出力が変更されます。これにより、0と2^{256}の間の数ができ、剰余演算を用いてより小さな範囲の数を得られます。

```
// 0 から 99 の乱数
random(0x7543def) % 100;
```

ブロックハッシュはブロック難易度より低いことが保証されていますが、ブロックがマイニングされるまで、正確な数値は不明です。残念ながら、現在のブロックのブロックハッシュは、ブロックがマイニングされるまでは利用不能です。そのため、親ブロックのブロックハッ

シュを使う必要があります。このことは、親のブロックハッシュとシードにアクセスできる者であれば誰でも、この乱数を推測可能であることを意味します。加えて、直近のブロックハッシュは256個のみ利用可能であり、それより古いブロックに`block.blockhash`を呼び出そうとすると`0x0`が返ります。

単純な攻撃としては、攻撃者が`random`関数を自身のコントラクトへコピー＆ペーストしたうえで、`random`関数を使うトランザクションと確実に同じブロックでマイニングされるようにすることにより、乱数を推測可能です。このようにすれば、親ブロックハッシュは同じであり、不明なのはシードだけです。シードは必ず、トランザクション内のユーザー入力か、コントラクト内の決定論的なエントロピー源に由来しており、そのどちらかがあらかじめわかっている可能性があります。

エントロピー源のランダム性を維持する唯一の方法は2トランザクションRNGシステムを用いることです。1つ目のトランザクションが、未来のブロックの番号をエントロピー源として固定します。エントロピー源として選択されたブロックがマイニングされてから、2つ目のトランザクションが、自身のロジックを実行するために、そのブロックのブロックハッシュを利用します。

2トランザクションRNGシステムは、遅いとはいえかなり安全ですが、それでもマイナーによって少しばかり操作される可能性は残っています。マイナーが参加する宝くじの当選者を決めるために、ここで取り上げるRNGが使われているとしましょう。マイナーが有効なブロックハッシュを生成する場合、生成する乱数が宝くじの当選につながらないならば、ハッシュを捨ててマイニングの続行を選択できます。これにより勝利の確率を、ネットワーク上でのハッシュパワーに比例する量だけ増大させられます。

このことは理論的には問題となりますが、記録された事例としてはこの攻撃は存在しません。そうはいっても、ブロック報酬を大きく超過する十分に大きな賭け金のせいで、マイナーがこの攻撃を試みたくなるに至る可能性はあります。

これらすべての欠陥を知ったうえでの結論は、大量のイーサの安全を確保するのに、ここで取り上げた単純なRNGに頼るべきではないということです。乱数によって大量のイーサの安全を確保する必要がある場合のために、より優れているがもっとずっと複雑な、宝くじによる乱数生成の方法を第8章で扱います。

5.9 整数に関する問題

安全性の検証なしにSolidityの整数データ型を利用すると、バグのあるコードにつながる可能性があります。ここで見ていく2種類のエラーは、アンダーフロー／オーバーフローエラーと、言語内での小数サポートの欠如によるエラーです。

5.9.1 アンダーフロー／オーバーフロー

Solidityはオーバーフローとアンダーフローのエラーに対する防御を行いません。整数型の値が最大値を超えるとオーバーフローが起きます。値が最小値を下回るとアンダーフローが起きます。

`uint`の最小値は0です。最大値は2^b-1です（bはデータ型のビット長）。`uint8`の最大値は$2^8 - 1 = 255$で、256ビット長の`uint`の最大値は$2^{256} - 1$です。

`int`の最小値は-2^{b-1}で、最大値は$2^{b-1} - 1$です。`int8`の場合、最小値は-128で、最大値は127です。

整数がオーバーフローすると、最小値に戻ってきます。整数がアンダーフローすると、最大値へ上がっていきます。

リスト5.17のすべての例がオーバーフローかアンダーフローを起こします。

リスト5.17 整数アンダーフロー／オーバーフロー (contracts/ContractSecurity.sol)

```
uint a = 5;
a -= 6; // 2**256 - 1
a += 1; // 0

int8 b = 64;
b *= 3; // -64

// i がオーバーフローするためこのループは永久に終了しない
uint[300] numbers;
uint sum = 0;
for (uint8 i=0; i < numbers.length; i++)
    sum += numbers[i];
```

アンダーフローとオーバーフローを防ぐために、ほとんどの開発者は`SafeMath`という標準コントラクトを利用しています。`SafeMath`コントラクトはオーバーフローとアンダーフローの条件を確認し、オーバーフローかアンダーフローを認めるとエラーをスローします。利用したい読者向けに、リスト5.18に`SafeMath`コントラクトをそのまま掲載します。

リスト5.18 アンダーフローとオーバーフローを防ぐSafeMath (contracts/SafeMath.sol)

```
contract SafeMath {
    function safeMul(uint a, uint b) internal pure returns(uint) {
        uint c = a * b;
        assert(a == 0 || c / a == b);
        return c;
    }

    function safeDiv(uint a, uint b) internal pure returns(uint) {
        assert(b > 0);
        uint c = a / b;
        assert(a == b * c + a % b);
        return c;
    }

    function safeSub(uint a, uint b) internal pure returns(uint) {
        assert(b <= a);
        return a - b;
    }

    function safeAdd(uint a, uint b) internal pure returns(uint) {
        uint c = a + b;
        assert(c>=a && c>=b);
        return c;
    }
}
```

5.9.2 切り捨てのある除算

　Solidityは小数をサポートしないので、小数演算を近似するのに整数を使わなければなりません。リスト4.29では、小数精度のシミュレーションを扱いました。除算を行うときはいつでも、切り捨てにより精度を失う可能性があります。整数除算での**切り捨て**（truncation）は、2つの数が割り切れず小数の数字が捨てられるときに起こります。したがってSolidityでは、11 / 2は切り捨てられて5になります。

　最小の分割単位が著しい価値を持つ資産を追う際には、切り捨てを念頭に置くことが最も重要です。例えばイーサについては、1か2ウェイを失っても大したことではありません。

　それではGoogle株（NASDAQ銘柄コード：GOOG）を取引するとしましょう。Google株は分割できず各1000ドルの価値があります。リスト5.19のように持ち株を2人の間で分割するコントラクトを書くと、切り捨てで株を失う可能性があります。

リスト5.19 切り捨てにより資産を失う(contracts/ContractSecurity.sol)

```
// 警告：このコントラクトは Stock コントラクトを定義しないと
// コンパイルできない
contract MarriageInvestment {
    address wife = address(0);       // ダミーアドレス
    address husband = address(1);    // ダミーアドレス
    Stock GOOG = Stock(address(2));  // ダミーコントラクト

    function split () public {
        uint amount = GOOG.balanceOf(address(this));
        uint each = amount / 2;
        GOOG.transfer(husband, each);
        GOOG.transfer(wife, each);
    }
}
```

このコントラクトは持ち株を持ってきて夫と妻の間で分割します。夫婦の持ち株が3株だとしましょう。夫婦の間で持ち株を分割しようとするとき、各人は1株を得ることになります。1/2＝0なので、最後の残りの1株はアクセス不能になってしまいます！

残りの株をすべて参加者の1人に転送することで、この問題を修正できます（リスト5.20）。

リスト5.20 整数切り捨てによる資産喪失を防ぐ(contracts/ContractSecurity.sol)

```
function split () public {
    uint amount = GOOG.balanceOf(address(this));
    uint each = amount / 2;
    uint remainder = amount % 2;
    GOOG.transfer(husband, each + remainder);
    GOOG.transfer(wife, each);
}
```

5.10 関数はデフォルトで公開状態

Solidityでは、可視性修飾子のない関数はデフォルトで公開されています。第4章で言及したように、各関数に明示的に可視性修飾子を指定するのがベストプラクティスです。Solidityバージョン0.4.17時点で、関数に可視性修飾子が指定されていないと、コンパイラーは警告を出します。警告はエラーのように扱い、すべてのコンパイラー警告が修正されるまで、コードを更新していくべきです。

プライベートであるはずの関数に適切な可視性修飾子を付け損なったのが、Parityのマルチシグハックの原因でした。内部的なものとされた関数が意図したように指定されておらず、ウォレットの制御を奪うために利用されました。

5.11 tx.originではなくmsg.senderを使うべし

コントラクトの関数のうち、tx.originプロパティはmsg.senderの代替に使えます。msg.senderが特定の関数を呼び出した直近のコントラクトかウォレットのアドレスを指すのに対し、tx.originは元のトランザクションに署名したウォレットアドレスを指します。tx.originの最良の利用法は、tx.originを使わないことです。ほぼすべての状況で、利用に適するプロパティはmsg.senderです。

msg.senderを使うと、アドレスに関連付けられたコントラクトの内部状態（残高など）を、送信者に代わってコントラクトが変更できます。送信者は直接コントラクトのメソッドを呼ばなければならないため、msg.senderは安全に利用できるとみなされます。

tx.originをコントラクトで使うと、ユーザーはフォワーディング（forwarding：転送）攻撃にさらされることになります。tx.originを認証に使う関数を作成し、それがどのようにハックされる可能性があるか見てみましょう（リスト5.21）。

この節のコードはハック可能です。コントラクトの中で使わないようにしてください。

リスト 5.21 tx.originによる不適切な認証 (contracts/ContractSecurity.sol)

```
// 警告：利用しないこと。不適切なコード
function transferTo(address dest) public {
    require(tx.origin == owner);
    dest.transfer(address(this).balance);
}
```

この関数は、送金先がどんなアドレスでも、コントラクトの所有者がコントラクト残高を送金できるようにしています。リスト5.22のように、ハッカーは、フォワーディングを行うコントラクトを用いて、これにつけこむことができます。

リスト 5.22 tx.originの認証でのフォワーディング攻撃 (contracts/ContractSecurity.sol)

```
contract ForwardingAttack {
    HackableTransfer hackable;
    address attacker;

    function ForwardingAttack (address _hackable) public {
        hackable = HackableTransfer(_hackable);
        attacker = msg.sender;
    }
    function () payable public {
        hackable.transferTo(attacker);
    }
}
```

このハックは、以下のように作用します。通常のウォレットアドレスを装ってサービスへの支払いを求めることにより、攻撃に用いられるコントラクトのアドレスへイーサを送るよう、攻撃者は攻撃対象を納得させます。攻撃対象がイーサを送るときに、攻撃に用いられるコントラクトのフォールバック関数は、脆弱性のあるコントラクトの`transferTo`関数を呼び出し、脆弱性のあるコントラクトの残高を攻撃者のウォレットアドレスへ転送しようとします。トランザクションが攻撃対象のウォレットアドレスから発しているため、認証が通り、攻撃者は脆弱性のあるコントラクト内の攻撃対象が持つイーサをすべて攻撃者のウォレットアドレスへ転送します。

この攻撃を阻止するには、リスト5.23のように、単純に`tx.origin`を`msg.sender`に変えるだけです。

リスト5.23 フォワーディング攻撃に対して防御する

```
// 安全なコード
function transferTo(address dest) public {
    require(msg.sender == owner);
    dest.transfer(address(this).balance);
}
```

5.12 すべてはフロントランニング可能

トランザクションは全ネットワークに全体送信され、ブロックに含められる前には通常すべてのノードから見えています。トランザクションは、トランザクション手数料の順にブロックに含まれていきます。これによりフロントランニングの機会が生まれることになります。

フロントランニング（front-running）とは、トランザクションを見たうえで、その中身を利用し、自分のトランザクションを送信することです。自分のトランザクションが元のトランザクションより先に完了するならば、元のトランザクションへのフロントランニングを行ったことになります。すべてのトランザクションは公然と見える状態で、トランザクションの順序を強制するグローバルな仕組みも存在しないので、すべての注文はフロントランニング可能です。

実際には、以下のようにフロントランニングが行われます。誰かが、正解は5イーサの報酬をもらえる賞金付きパズルを設けたとしましょう。イーサリアムの計算はすべて決定論的なので、与えられた解答が賞金を獲得できるかどうかはあらかじめ決定可能です。攻撃者はコントラクトに入るすべてのトランザクションをスキャンし、正解を検出したら、その解答をコピーし元の正解者よりずっと高いガス価格を付けたトランザクションとして送信します。トランザクションはガス価格の順に処理されるため、攻撃者の解答が最初に処理され、攻撃者が賞金を獲得することになります。

フロントランニングに対する防御策はコントラクトごとに異なります。賞金付きコントラクトについては、解答を考える期間を設けその期間が終わったあとに解答を公開するようにして、新しい解答が賞金を獲得できないようにできます。本書後半でゲームを見ていく際には、さまざまな方法でフロントランニングの問題に対処していきます。

5.13 以前のハックや攻撃

イーサリアムのスマートコントラクトは多数の致命的バグを経験し、それらのバグが過去に悪用の対象となってきました。この節では目立った事件を見ていき、各事件で得られた学びについて論じます。

5.13.1 DAO

イーサリアムのハック事件の中でもDAO（Decentralized Autonomous Organization：自律非中央集権型クラウドファンディングプロジェクト）攻撃は最も悪名高いものであり、ハードフォークがハックをロールバックするまでに、350万イーサもの損失に至りました。攻撃が非常に大規模であったので、イーサリアムファウンデーションはハックを作り出したトランザクションをロールバックし、DAOの資金を投資家へ返金するために、ハードフォーク実行を決定しました。この非常に議論のあったフォークは結果的に、フォークを行わなかったイーサリアムクラシックと、フォークを行ったメインのイーサリアムのブロックチェーンとの分離に至りました。

DAO攻撃は、複雑な再入可能性攻撃です。脆弱性のあるコードがリスト5.24に再現されています。再入可能性を許してしまう2行が太字になっています。見てわかるように、外部コントラクトへの転送後に残高が0にされています。

リスト5.24　DAO脆弱性

```
// このコードは splitDAO 関数の最後の部分
Transfer(msg.sender, 0, balances[msg.sender]);
withdrawRewardFor(msg.sender);
totalSupply -= balances[msg.sender];
balances[msg.sender] = 0;
paidOut[msg.sender] = 0;
return true;
}
```

リスト5.25では、`withdrawRewardFor`関数が、イーサを外部アカウントへ送信する`payOut`関数を呼び出します。

リスト5.25　DAOのpayOut関数

```
function payOut(address _recipient, uint _amount) returns
(bool) {
    if (msg.sender != owner || msg.value > 0
        || (payOwnerOnly && _recipient != owner))
        throw;
    if (_recipient.call.value(_amount)()) {
        PayOut(_recipient, _amount);
        return true;
    } else {
        return false;
    }
}
```

太字部分が外部呼び出しが起こっている部分です。イーサ送信と全ガス転送に、安全ではない`address.call.value`を使用しています。それを攻撃者が利用できたため、攻撃者はフォールバック関数のあるコントラクトを設けたうえで、コントラクトの中身を流出させる引き出しループ処理を繰り返せました。本書ではすでに、「5.6.1 再入可能性攻撃」でこの攻撃を実施するコードを見てきました。

この件では、受け取り側コントラクトにはDAOの子でなければならないという制約がありました。内部的なルールにより、利用できるまでに資金は7日間拘束されていました。

```
// 分離提案（DAOの資金をイーサとして引き出す申請）が取りうる最小検討期間
uint constant minSplitDebatePeriod = 1 weeks;
```

この保持期間こそハードフォークを安全に実行可能としたものです。資金が直ちに引き出されたならば取引所に移動され取引される可能性があり、イーサを保有している一般人も影響を受けたため、その時点でハックをロールバックするのは不可能だったでしょう。

5.13.2　Parity のマルチシグ

Parityのマルチシグウォレットは、資金消費の承認に複数のキーを要求するParityのソフトウェアに組み込まれたスマートコントラクトであり、多くのICOスタートアップが資金保管に利用していました。このウォレットは、複数コントラクトから合計15万イーサを流出させるのを攻撃者に許してしまうことになった、安全ではないフォールバック関数を持っていました。

問題の原因は、`public`にアクセス可能であるべきではなかったライブラリの関数でした（リスト5.26）。

リスト 5.26 Parityマルチシグウォレットの脆弱性

```
function initWallet(address[] _owners, uint _required, uint _daylimit) {
    initDaylimit(_daylimit);
    initMultiowned(_owners, _required);
}
```

この関数は所有者が複数いるマルチシグウォレットを初期化するもので、呼び出しはコントラクト初期化時のみに限定されるべきです。この関数は関数にアクセスできる者には誰でも、コントラクトをリセットし新しいウォレット所有者として宣言できるようにしています。ライブラリの関数は通常ABI経由ではアクセス不能ですが、このコントラクトは、宣言されていない関数の実行のために、リスト5.27に再現された寛大すぎるフォールバック関数を含んでいました。

リスト 5.27 寛大すぎるフォールバック関数

```
function () payable {
    // just being sent some cash?
    if (msg.value > 0)
        Deposit(msg.sender, msg.value);
    else if (msg.data.length > 0)
        _walletLibrary.delegatecall(msg.data);
}
```

フォールバック関数は、一致しない関数名が呼ばれるときはいつでも実行されます。別のライブラリやコントラクトに関数呼び出しを転送するには、`delegatecall`関数が使えます。この場合、一致していない関数はどれでも、`initWallet`関数を含むライブラリに転送されていました。攻撃者は`initWallet`関数を呼び出して自分をウォレット所有者にし、資金を流出させることが可能でした。

これに対する修正は単純で、`.delegatecall`を絶対に使わないことです。この関数は危険であり容易にセキュリティホールにつながる可能性があります。転送したい関数はすべて明示的に指定するべきです。

5.13.3 CoinDash

CoinDash（コインダッシュ）のハックは、実際にはスマートコントラクトの脆弱性ではなく、古風なWebハックでした。CoinDashのICOの最中に、ハッカーがCoinDashのICO上にあるイーサリアムのアドレスを自分のアドレスに置換しました。これによって、CoinDashのICOのコントラクトではなく攻撃者のアドレスに投資家が3万イーサを送信することになりました。

5.13.4 GovernMental

　GovernMental（ガヴァーンメンタル）のコントラクトはハックはされませんでしたが、コントラクトの賞金の配分が数カ月間アクセス不能に陥るという微妙なバグに苦しみました。GovernMentalはピラミッドスキーム（pyramid scheme：ねずみ講）のコントラクトでした。第7章でGovernMentalのコントラクトの詳細についてさらに論じますが、基本的にはプレイヤーの1人が最後に大きな賞金を獲得できることを意味していました。

　支払いコードはリスト5.28のようなものでした。

リスト5.28　GovernMentalの支払いコード(contracts/Governmental.sol)

```
// コントラクトのお金をすべて最後の債権者へ送信
creditorAddresses[creditorAddresses.length - 1].send(profitFromCrash);
corruptElite.send(this.balance);

// コントラクトの状態をリセット
lastCreditorPayedOut = 0;
lastTimeOfNewCredit = block.timestamp;
profitFromCrash = 0;
creditorAddresses = new address[](0);
creditorAmounts = new uint[](0);
round += 1;
return false;
```

　太字の2行で、ステートツリー内の大量のストレージの更新が必要でした。何百人もの人々がゲームに参加していたため、何百ものアドレスと額が0に設定されなければなりませんでした。このトランザクションのガス手数料が非常に高かったので、当時のブロックのガス制限を超過してしまい、勝者は支払いを請求できませんでした。ブロックのガス制限が増加するまで、勝者は報酬請求を待たなければならなかったのです。

5.14 まとめ

　本章では、Solidityで安全なコントラクトを書くことの一部始終を扱いました。読者は今では、イーサをスマートコントラクトで安全に送信し、保持し、引き出す方法、乱数生成の方法、そして開発中に気を付けるべき多くの潜在的なセキュリティ上の落とし穴を理解しているはずです。プロジェクトへと進む準備は万端です。しかし、プロジェクトへ着手する前に、コードから離れて少々回り道し、ブロックチェーンの背後にある経済学とインセンティブとを論じていきましょう。

Chapter

6

暗号経済学と
ゲーム理論

暗号経済学（crypto-economics）とは、ブロックチェーンの維持にまつわるインセンティブ（incentive：意思決定の変化を動機付ける要因）、経済、ゲーム理論についての新興の研究分野です。経済学がインセンティブについての研究として単純化できるとするならば、**暗号経済学**とはブロックチェーンに関連するインセンティブについての研究だといえます。本章では、ブロック生成手段、ブロックチェーンのセキュリティ、コンセンサス、よいインセンティブの重要性、典型的ブロックチェーンへの最も一般的な攻撃経路を扱います。

6.1 ブロックチェーンの安全性を確保する

　現時点では、成功しているブロックチェーンの大部分はプルーフ・オブ・ワーク（PoW）マイニングを支える計算性能である、ハッシュパワーによって安全性を確保されています。他のブロックチェーンは、システムに安全性をもたらす2つの方式である、プルーフ・オブ・ステーク（PoS）とプルーフ・オブ・オーソリティ（PoA）の実験を開始しています。イーサリアムの研究者たちは、イーサリアムのネットワークは近日中にプルーフ・オブ・ステークへ移行すると述べており、本書ではプルーフ・オブ・ステークを特に関心の対象とします。

6.1.1 プルーフ・オブ・ワーク

　プルーフ・オブ・ワークに関する方法論の創造は、ビットコインを成立させたイノベーションの中でも最重要なものでした。イーサリアムは創設以来最初の3年間にわたりプルーフ・オブ・ワークの利用に注力してきましたが、今後はプルーフ・オブ・ステークの利用を計画しています。本書では第1章でプルーフ・オブ・ワークのマイニングについて簡単に論じました。

　プルーフ・オブ・ワークがはじめて提案されたのは1992年の論文で、スパム防止手法としてでした。また別の場で再度提案されたときは、DDoS攻撃を防ぐ手段としてでした。双方ともさほど有効ではありませんでしたが、暗号通貨でのプルーフ・オブ・ワークの利用の道が開けました。

　ビットコインは、プルーフ・オブ・ワークのアルゴリズム内でSHA-256ハッシュを利用しています。マイナーは新しい入力を作成するために**ナンス**と**タイムスタンプ**のフィールドを用いて、ブロックヘッダーを繰り返しSHA-256でハッシュ化します。そして、32バイトのネットワーク難易度より小さいハッシュを生成するマイナーが自分のブロックをネットワークへ伝播させます。提供したハッシュパワーへの報酬としてマイナーは、自分に新しいビットコインを報酬として与える**コインベーストランザクション**をブロックに含めることができます。

　SHA-256の欠点を改良するために、プルーフ・オブ・ワークのアルゴリズムの亜種が多数設計されました。SHA-256アルゴリズムは単純なため、ASIC（Application Specific Integrated Circuit：特定用途向け集積回路）によるマイニングが容易になっています。

Litecoinはメモリに負荷をかけることを意図したScryptを用いているにもかかわらず、Scrypt用のASICが作成されました。Moneroは、伝統的CPUでのマイニングこそが最も効果のある方法となるよう特別なシステムコールを上手く用いているCryptoNightを使っています。

イーサリアムは、その目論見どおりにGPU（描画処理ユニット）によるマイニングに最適な方式であり続けている独自アルゴリズム、イーサッシュを用いています。イーサッシュは、メモリに保持された有向非巡回グラフ（Directed Acyclic Graph/DAG）から繰り返し読み出す必要があります。DAGのサイズは1GBより大きいため、一般的には、非常に少量のメモリしか内蔵していないASICではマイニングを実行できません。

イーサッシュのアルゴリズムの正確な詳細を知りたい場合は、イーサッシュのwikiを参照してください。

URL https://github.com/ethereum/wiki/wiki/Ethash

マイニングのテスト用コードについては、以下のコマンドで現在のDAGを生成できます。

```
$ geth makedag
```

プルーフ・オブ・ワークによるマイニングは、どんな攻撃者も、ネットワークを乗っ取るにはハッシュパワーの51%を支配するほかないようにして、ブロックチェーンの安全を確保します（「6.5.1 51%攻撃」を参照）。ブロック報酬とトランザクション手数料がインセンティブとなり、ブロックをマイニングするようマイナーを動機付けます。ネットワーク難易度は、目標の平均ブロックタイム（block time：ブロック生成にかかる時間）を維持するよう、定期的に調整されます。現在、イーサリアムネットワークの目標平均ブロックタイムは約20秒です。

この数値は、イーサリアムのコード内で平均ブロックタイムを緩やかに上昇させる**難易度爆弾**（difficulty bomb）のため、ゆっくりと上がっています。この上昇の背後にある目的は、ブロックタイムが長時間になりすぎる時点で事実上不可能となるプルーフ・オブ・ワークに基づくマイニングをイーサリアムのノードが放棄して、プルーフ・オブ・ステークへ移行せざるを得ないようにし、プルーフ・オブ・ワークのブロック報酬由来の新しいイーサの生成に上限を設けることです。プルーフ・オブ・ステークが導入されたあとは、おそらくブロック報酬は減少し、ゼロにすらなるかもしれません[訳注1]。

[訳注1] 2019年1月に実施予定だったが延期されたハードフォークであるコンスタンティノープル（Constantinople）に含まれるEIP 1234は、プルーフ・オブ・ステーク導入の当初予定からの遅延に伴い、難易度爆弾の難易度上昇を遅らせ、結果的にプルーフ・オブ・ワークを延命させる措置となっている

6.1.2 プルーフ・オブ・ステーク

イーサリアムのプルーフ・オブ・ステーク実装の詳細はまだ議論中で、完成までの確固としたスケジュールがあるわけではありません。複数種類のプルーフ・オブ・ステーク実装があり、各実装がブロックチェーンの安全を確保する自前の方式を備えています。イーサリアムのプルーフ・オブ・ステークのシステムはCasper（キャスパー）と呼ばれ、ネットワークによるブロック承認の蓋然性に賭けることによってユーザーがブロックを確定させられるようにします。

最初にプルーフ・オブ・ステークを導入したコインはPeercoin（ピアコイン）で、**コインエイジ**（coin-age：コイン数とコイン保有日数との積）という原理を使ってブロックを確保し、新たに供給されるコインを鋳造していました。より最近では、Steemit（スティーミット）とEOS（イーオス）が、代表制プルーフ・オブ・ステーク（DPOS：Delegated Proof Of Stake）というシステムを使っています。DPOSは、ユーザーに対し一連のブロック生産者に投票することを求め、そのようにして投票されたブロック生産者がブロックを生産する権限を与えられます。Casperが直接民主制に似ているとすれば、DPOSはどちらかといえば代表民主制的なものです。

イーサリアムでは、Casperを近い将来に始動させることが計画されています。

6.1.3 プルーフ・オブ・オーソリティ

プルーフ・オブ・オーソリティ（proof-of-authority：権限による証明）のブロックチェーンは、権限付きブロックチェーンに似ています。認証されたキーを持つノードだけがブロックを公開できるため、実際のところは非中央集権的なシステムではありません。プルーフ・オブ・オーソリティのブロックチェーンは、ネットワークがコンセンサスに達したりブロックをマイニングしたりする必要がないため、非中央集権的ネットワークよりずっと速いペースでブロックを生成できます。

イーサリアムのRinkebyとKovanテストネットは、プルーフ・オブ・オーソリティのブロックチェーンです。テスト用イーサは無価値であり、ブロック報酬とトランザクション手数料は実質的には存在しません。このことは、ブロックをマイニングしたり、トランザクションのスパム行為を防いだりするインセンティブが存在しないことを意味します。その場合、標準のプルーフ・オブ・ワークのブロック生成プロセスだと、いともたやすく攻撃可能となってしまうため（「6.5.5 テストネットでの攻撃と問題」参照）、代わりにテストネットにはプルーフ・オブ・オーソリティが使用されなければなりません。

6.2 コンセンサス形成

　コンセンサス（consensus）は、ブロックをブロックチェーンに追加するかどうか、ノードが決めるプロセスです。コンセンサスは共有されたルールのセットを通じて形成されます。ネットワーク上のすべてのノードは、共通のコンセンサスに達することを望む場合、互換性のあるルールのセットに則って運用されなければなりません。コンセンサスのルールを**ブロック検証ルール**(block validation rules)と呼ぶブロックチェーンもあり、それは、ノードがブロックをブロックチェーンのローカルコピーに受け入れるかどうかを決定するのにコンセンサスのルールが用いられるからです。

　イーサリアムでは、コンセンサスルールはEVM実行とステートツリーのマークル・パトリシア・トライのルートノードとして、コードの形式になっています。各ノードはブロックのトランザクションを順番に実行します。各トランザクションは逐次実行される一連のEVMオプコードです。ノード群が同じEVM実行ルールを持っていると仮定すると、それらのノードは同じ最終状態に到達することになります。

　ネットワーク上のノードのセットが異なるコンセンサスルールのセットを採用している場合に、**フォーク**（fork）が起こります。新しいルール群が古いルール群の一部分である場合には、**ソフトフォーク**（soft fork）が起こります。古いバージョンを使用しているノードは新しいルールで生成されたブロックをそれまでどおり検証するため、検証だけでなくマイニングを行うマイナーのみがソフトウェアを新しいルールへ更新する必要があります。

　新しいルール群が古いルール群の一部分でない場合には、**ハードフォーク**（hard fork）が起こります。ハードフォークの場合は、全員ソフトウェアを更新しなければなりません。ハードフォーク時に、ソフトウェア更新を拒むノード群は、ソフトウェアを更新するノード群から離れて分岐していきます。これがイーサリアムクラシックが形成された経緯です。DAOのフォークに適応するためのソフトウェア更新を拒んだノードもありました。

6.3 トランザクション手数料

トランザクション手数料は、悪意のある主体によるネットワークへのスパム送信を防止することにより、ネットワークの安全を確保します。トランザクション手数料を用いると、ネットワークへのアクセスのための市場ができ、最もアクセスに価値を見出す者（最も高い手数料を払うのをいとわない者）がアクセスの優先権を与えられます。

多くのブロックチェーンでは、トランザクション手数料が、ネットワークのネイティブ通貨（イーサリアムの場合はイーサ）建てでなければならない唯一の支払い形式となっています。株式の価値が未来の配当の**正味現在価値**（NPV：Net Present Value）に由来しているのに似て、トランザクション手数料がイーサ建てであることが、イーサの価値が未来のトランザクション手数料のNPVに由来するといわれることがある理由です。しかし、トランザクション手数料により生み出される価値がイーサにプログラミング可能な通貨としてのさらなる有用性を与えるため、未来のトランザクション手数料のNPVがイーサ価格の底値として機能すると述べるほうがより正確かもしれません。

6.4 インセンティブ

よいインセンティブの仕組みは、ブロックチェーンを安定づける基礎となります。新しいブロックチェーン技術を評価するときに、自分に尋ねるべき最初の質問は「このブロックチェーンは、どんな種類の振る舞いを動機付けるようなインセンティブを与えているか」というものです。ブロックチェーン内のユーザーは常に自分自身の利益を最大化するであろうと仮定しなければなりません。匿名性と大きな利益の可能性とが、下手な設計につけこむのをいともたやすくします。

攻撃されている最中を含め、どんな状況下でも円滑な運用が可能であるという理由で、ブロックチェーンは栄えているのです。「6.5.5 テストネットでの攻撃と問題」で、下手に設計されたインセンティブを持つブロックチェーンに何が起こるかを見ていくことになります。

それでは、イーサリアムに設定されているインセンティブのシステムのうち、いくつかを一通り説明し、それらのシステムがネットワークの安全確保にどのように貢献しているかを詳述していきましょう。

♠ ブロック報酬

マイナーは、ブロックをマイニングするのに成功するとブロック報酬を受け取るため、マイナーには、ネットワークのためにハッシュパワーを生成するインフラへの投資を行う用意があります。ハッシュパワーが大きいほど、単一の存在が51%攻撃でネットワークを乗っ取ること

が難しくなり、ネットワークが安全になります。

♠ ネットワーク難易度

ネットワークのハッシュパワーが増大するにつれてネットワーク難易度は増大し、それによって、可能な限り最大のハッシュパワーを生成しようとするマイナー同士の軍備拡大競争が起こります。マイナーは、経済的利益がゼロになるまでは、より大きいハッシュパワーを得るために投資するよう動機付けるインセンティブを与えられます。

♠ トランザクション手数料

スパム送信者が無用なトランザクションでネットワークを詰まらせるのを防ぎます。

♠ コンセンサスルール

どのブロックが受容されるかについて、各ノードに平等な発言力を与えることにより、ネットワーク内の権力を非中央集権化します。悪意のあるブロックはネットワークから拒絶されるため、マイナーは悪意のあるブロックを生産して価値あるハッシュパワーを無駄にするようなことはしません。

6.5 攻撃経路

どんなインセンティブのセットも完全ではありません。どのブロックチェーンにも、システムの脆弱性を突くのに利用できる一連の攻撃経路があります。システムを上手く設計する場合のゴールは、利用できる攻撃経路を通じて脆弱性を突くことを、できるだけ難しくすることです。イーサリアムのネットワークを攻撃するのに使える、基本的な攻撃経路をいくつか見てみましょう。

6.5.1 51% 攻撃

イーサリアムのマイニングのシステムは、単一の存在がハッシュパワーの半分以上を支配しない限り安全であるように設計されています。

ブロックチェーンに複数のバージョンの先端が存在する場合、メインのブロックチェーンになれるのはただ1つです。どれがメインのブロックチェーンか決定するルールは単純で、最も長いのがメインのブロックチェーンです。最も安全なブロックチェーンは最大のハッシュパワーを持つもので、最長のブロックチェーンが最大のハッシュパワーを持つことになります。さらに、メインのブロックチェーンを決定するルールは、非中央集権的な様式で全ノードが同

じコンセンサスに到達可能な程度に、十分単純でなければなりません。

　51%攻撃は以下のように行われます。攻撃者はネットワーク上でブロックをマイニングしますが、マイニングしたブロックを全体送信せず、ブロック量をローカルに蓄積させていきます。もしその攻撃者が半分以上のハッシュパワーを支配できたとすると、攻撃者の手元にあるローカルのブロックチェーンは、メインのブロックチェーンより長くなることになります。著しい数（例えば1日分）のブロックが経過したところで、攻撃者は手元のブロックを一挙に全体送信し、直近1日に起こったすべてのトランザクションを無効化します。

　商人（または商人でなくても商品を売りイーサで支払いを受けた者）は、受けた支払いが無効化されるため、客を追い詰めて再度の有効な支払い、または売った物の返品を要求せざるを得なくなるでしょう。これが繰り返されるとネットワークへの信頼は失墜します。ただし今のところは、大規模ブロックチェーンではこの攻撃は高度に理論的なものにとどまります。ハッシュパワーの51%を蓄積するのに要する資本の額は、マイニングハードウェアの設備価値の源泉としてのネットワークを変節の末に破壊して、マイニングハードウェアを無価値にするという無駄なことを行うだけにしては、法外に高いものです。ビットコインかイーサリアムのような大規模ブロックチェーンに51%攻撃を仕掛けるには、ネットワークを屈服させる大義名分を持つ、資金豊富な悪意ある主体が要るでしょうし、いまだに誰もこの攻撃をやってのけたことはない[訳注2]ため、51%攻撃の企ては大きな賭けとなるでしょう。

6.5.2 ネットワークへのスパム送信

　トランザクション手数料はスパム送信者がネットワークを無用なトランザクションで詰まらせるのを防ぐと前に述べましたが、少々誤った説明でした。トランザクション手数料は実際のところ、ネットワークへのスパム送信を、ブロックを充満させてネットワークの他の部分のトランザクション手数料を上げる役割を主に担うほどに、非常に費用のかかる行為にするというだけです。

　イーサリアムにおいては、EVMの特定バグを標的とする場合に、ネットワークへのスパム送信が攻撃経路として最も効果的に利用されてきています。2016年9月に、**EXTCODESIZE** オプコードを標的とするネットワークスパム攻撃によってブロック検証時間が60秒に増加しました[原書注1]。**EXTCODESIZE** オプコードはステートツリー内にあるコントラクトのコードサイズの取得のためにディスク読み出しを実行します。このオプコードはガス手数料が20と安価であったため、繰り返し呼び出すことで各ブロックを検証するたびに5万回のディスク読み出しが余儀なくされ、ネットワーク全体が遅延しました[原書注2]。この問題は結局、EIP 150（イーサリアム改善提案150）でこのオプコー

訳注2　2019年1月には、イーサリアムクラシック（ETC）ネットワークへの51%攻撃が確認された
原書注1　イーサリアムブログ「トランザクションスパム攻撃：次の段階」
　　　　URL https://blog.ethereum.org/2016/09/22/transaction-spam-attack-next-steps/
原書注2　EVM 1.0におけるガスのコスト
　　　　URL https://docs.google.com/spreadsheets/d/1m89CVujrQe5LAFJ8-YAUCcNK950dUzMQPMJBxRtGCqs/edit#gid=0

ドのガスコストを700に増加させることにより修正されました[原書注3]。

　トランザクション手数料が無価値のテスト用イーサで払われるイーサリアムのテストネット上では、スパム攻撃がメインネット上よりずっと上手くいくことが証明されてきています。それらの攻撃については「6.5.5 テストネットでの攻撃と問題」で論じます。

6.5.3 暗号破り

　ブロックチェーンをつぶす最も効果的な方法は、ネットワークで利用される暗号アルゴリズムを破ることでしょう。イーサリアムのプルーフ・オブ・ワークのアルゴリズムであるイーサッシュは、パブリックキーとプライベートキーの生成に、ハッシュ化アルゴリズムであるKeccak256とSecp256k1楕円曲線暗号とを使っています。どちらかの暗号が破られれば、システムに取り返しが付かない信頼性の喪失を招くでしょう。感謝すべきことに、これらのアルゴリズムの突破は簡単な作業ではありません。

　どちらのアルゴリズムも、セキュリティを生み出すために一方向関数を用いています。一方向関数は、ある方向からの計算は容易ですが、他方からは困難です。メッセージが与えられた場合、メッセージのKeccak256ハッシュを計算するのは容易です。ハッシュが与えられた場合、メッセージを計算で割り出すのはほぼ不可能です。

　ハッシュ関数は、イーサリアムのスマートコントラクト内で情報を隠蔽する用途に広範囲にわたり利用されています。本書で見てきたように、Keccak256はイーサッシュだけでなく、EVMのオプコード、Solidityの命令、またアドレス、トランザクション、ブロックのハッシュ化、ABI、マークル・パトリシア・トライでも使われています。

　あとで賞金付きパズルを作成するときには、解答の隠蔽にハッシュを使うことになります。ハッシュ関数には単純な攻撃方法があります。最も基本的なのは辞書攻撃です。一般的な単語やビット列をそのハッシュと関連付ける大規模なキー／値データベースを維持し、ハッシュに出会ったら、データベース内に通してみて一般的な文字列のどれかにマッチするかどうかを見るのです。

　辞書攻撃によってハッシュが破られるのを避けるには、ソルトを用いてください。**ソルト（salt：塩）**は、ハッシュ化する単語すべての前に付加するランダムな文字列で、一般的なハッシュのデータベースに出現しない十分独特な出力を作成します。ハッシュに適切にソルトを付加すると、ハッシュと一致するまでランダム文字列のハッシュ化を試行することが唯一の攻撃方法となります。この攻撃方法を試すのは非常に高く付くため、スーパーコンピューターでさえも標準的なKeccak256ハッシュを破れません。

原書注3　Github「イーサリアム改善提案150」 URL https://github.com/ethereum/EIPs/blob/master/EIPS/eip-150.md

同じアイデアはパブリック／プライベートキーについても使われています。パブリックキーはプライベートキーから楕円曲線暗号を使って生成されます。詳細は本書の範囲を超えるため割愛しますが、もし興味があれば、以下のURLに簡単な入門があります。

URL https://arstechnica.com/information-technology/2013/10/a-relatively-easy-to-understand-primer-on-elliptic-curve-cryptography/

パブリックキーからプライベートキーを決定するのは、Keccak256ハッシュを破るのよりさらに困難です。しかしながら、それができる者は誰であろうと、ネットワーク上のすべてのアドレスと、アドレスに対応するイーサとを支配できるでしょう。

6.5.4 リプレイ攻撃

リプレイ（replay：再実行）攻撃はハードフォークの最中にだけ起き、イーサリアムとイーサリアムクラシックの分裂途中での大きな問題となりました。ハードフォーク後にイーサリアム上でトランザクションを送信した多くの人々のトランザクションが、イーサリアムクラシックのブロックチェーン上でリプレイされていました。

フォークの最中は、全ユーザーが両方のフォーク上で同じ残高を持ちます。このことは、フォークの時点でイーサリアムの残高がある者は皆、同量のイーサリアムクラシックの残高をも持っていることを意味しました。不運なことに、両方のブロックチェーンが寸分たがわぬトランザクションのロジックを使っていたため、イーサリアム上のトランザクションがイーサリアムクラシック上でも有効でした。

一般的には、残高はユーザーのプライベートキーによって保護され、ユーザーがイーサを送信するにはトランザクションに自分のプライベートキーで署名しなければなりません。しかしフォーク直後、ユーザーたちは同じプライベートキーをイーサリアムとイーサリアムクラシックの両方に使っており、イーサリアム上の署名済みトランザクションがイーサリアムクラシック上でも有効でした。攻撃者たちはこれを悪用しました。その手口は、イーサリアムネットワーク上に全体送信された署名済みトランザクションを取ってきて、イーサリアムクラシックのネットワークへも全体送信するというものでした。このことは、イーサリアムを送信している者は誰でも、知らず知らずのうちに受取人に自分のイーサリアムクラシックをも送信していたことを意味しました。

リプレイ攻撃の奇妙なところは、攻撃者自身が攻撃から利益を得ることはまれであることです。トランザクションの受取人のみが利益を得ることになりますが、ほとんどの受取人はこの攻撃を実行するのに十分なほど悪意があったり賢かったりはしません。しかしながら、受取人に代わって誰でも攻撃を実行できるので、悪意のある主体がイーサリアムを不安定な状態に陥れるためにトランザクションをリプレイしていました。

リプレイ攻撃に対する防御は単純です。EIP 155は、トランザクションにブロックチェーンIDフィールドを追加してこの問題を修正しました。

URL https://github.com/ethereum/EIPs/blob/master/EIPS/eip-155.md

イーサリアムのブロックチェーンIDは1で、イーサリアムクラシックのブロックチェーンIDは61です。トランザクションのブロックチェーンIDがネットワーククライアントのブロックチェーンIDにマッチしない場合、クライアントはトランザクションを拒絶します。

6.5.5 テストネットでの攻撃と問題

プルーフ・オブ・ワークのテストネットを稼働させておくのはイーサリアムにとっては困難なチャレンジであることが証明されてきています。テストネットのイーサは無価値なため、マイナーにはブロックチェーンをマイニングするインセンティブがありません。したがって、通常は実行が法外に高く付く51%攻撃とネットワークスパム攻撃が、何のことはないものになります。イーサリアムで過去に使われたプルーフ・オブ・ワークの各テストネットは、攻撃者によって屈服させられてきました。

最初のイーサリアムのリリースはOlympicテストネットであり、時々スパム攻撃にさらされていましたが、攻撃それ自体は重大なものではありませんでした。このテストネットの主要な問題は、Frontier（フロンティア）メインネットの最初の更新が起こったときに発生しました。Frontierはリプレイ攻撃に対する防御策を持っていなかったため、OlympicとFrontier間でキーとアドレスを再利用していた者は誰でも、Olympic上でのテストのトランザクションをFrontierメインネット上で再実行させられうる状態になっていました。この問題を回避するため、ユーザーは新しいFrontierメインネット向けには異なるキーを使用するよう警告されました。

イーサリアムの次の公式テストネットはMordenでした。Mordenはリプレイ攻撃の防御策としての実装にアカウントのナンスを利用しており、メインネット上でトランザクションが再実行されるのを防ぐために、ネットワーク上のすべてのアカウントについて、最初のナンスを2^{20}に設定しました。不運なことに、EIP 161がナンス生成コードへの変更を実装したときに、Parityとgethの実装におけるMorden特有の差異が2つのクライアント間のコンセンサス分裂（フォーク）に至りました。

URL https://github.com/ethereum/EIPs/blob/master/EIPS/eip-161.md

その時点で、Mordenテストネットを廃止し、新しいRopstenテストネットへ差し替えることが決定されました。

Ropstenは、トランザクションがメインネット上でリプレイされるのを防ぐためにEIP 155のリプレイ防止策を実装しました。

URL https://github.com/ethereum/EIPs/blob/master/EIPS/eip-155.md

しかしそれでもネットワーク難易度は依然として低いままだったため、少量のハッシュパワーでもネットワークを支配するのに十分でした。

Ropstenが始まって1年たったところで、悪意のあるユーザーがネットワークのハッシュパワーを乗っ取り、ブロックサイズを膨張させ始めました。マイナーは、ブロックがマイニングされるたびに、現在のブロックのガス上限の1/1024だけ、ガス上限の増加を提案可能です。悪意のあるマイナーはこの提案を繰り返し、インポートして検証するのに長時間かかる大きなスパム的トランザクションでブロックを埋め尽くしました。ブロックが大きくなり処理が遅くなりすぎたため、ネットワークとの同期が不可能となり、Ropstenは一時的に取り下げられなければなりませんでした。

その後Ropstenはプルーフ・オブ・オーソリティのテストネットであるRinkebyに取って代わられました。プルーフ・オブ・オーソリティは、ブロックを生成する権限のある一連のノードをホワイトリストへ追加します。Rinkebyは15秒ごとにブロックを生成するので、ブロック生成時間が変動する中でマイニングが行われるようなテストネットほど現実的な環境ではないにせよ、マイナーやスパム送信者による攻撃には影響されません。

Ropstenテストネットは結局、寄付されたGPUハッシュパワーを使って復活しました。寄付されたハッシュパワーは、スパム攻撃以前からのブロックチェーンをマイニングして新しい最長ブロックチェーンを得るのに使われました。最長ブロックチェーンがメインのブロックチェーンとなるため、それによってクライアントはスパムブロックを捨てることができました。その後、復活したブロックチェーン上でスパム以外の全トランザクションが再実行されました。

6.6 まとめ

プルーフ・オブ・ワーク (PoW)、プルーフ・オブ・ステーク (PoS)、プルーフ・オブ・オーソリティ (PoA) は、イーサリアムのエコシステム内でブロックチェーンの安全を確保するのに用いられる三種の方式です。現在利用されているセキュリティ方式はプルーフ・オブ・ワークです。イーサリアムの来るべきハードフォークで、プルーフ・オブ・ステークがCasperプロトコルによってプルーフ・オブ・ワークに取って代わるでしょう。プルーフ・オブ・オーソリティはイーサリアムのテストネットで利用されています。

ネットワークの安全を確保するために、ノードでは、プルーフ・オブ・ワークのハッシュパワーに加え、コンセンサスルールが利用されています。ノードは個別に、ソフトウェアとし

てコード化されたコンセンサスルールをブロックとそのトランザクションに適用し、ブロックを受容するかどうか決めます。複数の競合するブロックまたはブロックチェーンの場合、最長のブロックチェーンがメインのブロックチェーンとなります。ブロックの検証には、ネットワーク内の全ノードが厳密に同じコンセンサスルールを使わなければなりません。ネットワークの一部が別のコンセンサスルールのセットを使う決定をすると、フォークが発生しブロックチェーンは分裂します。

ブロックチェーンは、インセンティブと市場原理とを用いて、望ましい行動を誘発します。適切なインセンティブ構造を設計することが、成功するブロックチェーンを構築するための鍵です。ブロック報酬、トランザクション手数料、ネットワーク難易度の調整はすべて、ブロックチェーンの安全を確保し有益な行動を促進するためにイーサリアムによって利用されるインセンティブの例です。

とはいえインセンティブのシステムは完璧ではありえないため、常に攻撃経路が存在します。イーサリアムは特に、プラットフォームの特定のバグを狙ったスパム攻撃やリプレイ攻撃に対し脆弱であることが過去に示されてきました。51%攻撃と暗号に対する攻撃は理論的には可能ではありますが、イーサリアムのメインネットではこれまでのところ実行されたことはありません。

テストネットなら話は別です。プルーフ・オブ・ワークのテストネットではブロック報酬とトランザクション手数料が無価値のため、ネットワークへのスパム送信もハッシュパワーとブロック生成の支配も両方とも安価です。本書で用いるテストネットであるRinkebyはホワイトリストに追加されたアドレスのみがブロックを生成できるプルーフ・オブ・オーソリティのブロックチェーンです。

第3章から本章にかけて、Solidity言語の基本、Solidityでのセキュリティ上のベストプラクティス、ブロックチェーンがどのように動作しているかの基本を扱ってきました。以上の知識を得て、はじめてのゲームを構築する準備が整ったことになります。簡単な、イーサリアムによるピラミッドスキームのゲームから始めましょう。

Chapter 7

ポンジとピラミッド

本書の残りを通じて体験していく、プロジェクトとゲームに関する数々の章の最初が、本章です。前章まではイーサリアムとSolidityの基本を扱いました。これからは理論を離れ、Solidityコードの実践的な例に深く入り込んでいきます。なるほど確かに、ポンジスキームは一見、Solidityコードの例の中で最も実践的なものであるようには思えません。しかし驚くべきことに、イーサリアム上でリリースされた最初の対話型スマートコントラクトのいくつかは、検証可能なポンジスキームでした。本章では、最初に簡単なポンジスキームのコントラクトを書き、それからイーサリアムのメインネット上にデプロイされたコントラクトの例を探究していきます。

7.1 スキーム：ポンジ VS ピラミッド

ピラミッドスキーム（pyramid scheme：ねずみ講）の参加者は、製品の販売か、スキーム（scheme：仕組み）に参加する新メンバーの勧誘によって、収益を生み出します。メンバーは通常、勧誘したメンバー全員の販売収益から分け前を得ます。ピラミッドスキームは、収益元と収益分配方式によって、法的に近い**マルチ商法**（MultiLevel Marketing/MLM）と区別されます。収益の大部分が販売によるものなら、マルチ商法です。収益の大部分が新メンバー勧誘によるものなら、ピラミッドスキームです。

ポンジスキーム（Ponzi scheme：自転車操業詐欺）では、証券を買っているか、出資者に利益をもたらす実体のある企業に出資していると出資者は思い込みます。実際には、新しい出資により生じた資金が、先に出資していた出資者への支払いに流用されています。ポンジスキームは、劇的に破綻するまで何年も存続することがあります。ポンジスキームは創始者であるチャールズ・ポンジ（Charles Ponzi）にちなんで名付けられており、ポンジはそのようなスキームを1920年代に実行していたことで有名です。しかし、今日の読者にとって最も有名なポンジスキームは、バーニー・L・メイドフ（Bernard Lawrence Madoff：NASDAQ元会長）によるものです。メイドフは48年にわたって200億ドルもの出資を集め、自分の投資ファンドが650億ドルの価値があると出資者たちに信じ込ませるのに、その継続する出資を利用していました[原書注1]。

ピラミッドスキームでは、メンバーが意味のあるどんな類いの収益を生じさせるにも追加メンバーを勧誘しなければならないため、一般的にピラミッドスキームだと容易に見分けられます。加えて、「**カモ**（suckers：被害者）」はスキームの構成員であり、会社がどのように経営されているかを見ることができます。それに対し、ポンジスキームでは「カモ」は外部にいて会社内部の動きについての知識をまったく持たないため、ポンジスキームは発覚せず、より長期的に存続可能です。

原書注1　CNNマネー「Five things you didn't know about Bernie Madoff's epic scam」（バーニー・メイドフの大規模詐欺についてあなたが知らなかった5つのこと）
　　URL http://money.cnn.com/2013/12/10/news/companies/bernard-madoff-ponzi/index.html（2013）

異なるものを意味するにもかかわらず、ピラミッドスキームとポンジスキームという2つの語は、しばしば相互に取り違えて使われます。このあとわかるように、イーサリアムでデプロイ済みのスキームの大部分はポンジスキームですが、それにもかかわらずスキームの創始者たちはそれらをピラミッドスキームと呼んでしまいがちです。

7.2 検証可能な悪徳

もし、ポンジスキームの悪徳が検証可能なものである（verifiably corrupt）とすれば、ポンジスキームはよりよいものとなるのでしょうか。これまでのところ、この疑問に対するイーサリアムのコミュニティからの答えは、圧倒的にイエスです。イーサリアムの初期は、ユーザー搾取を目的として、決定論的にコードを書けるポンジとピラミッドのスキームへの異常なレベルの熱狂がありました。ブロックチェーン上に存在するポンジスキームを見る前に、自分用の簡単なものを書いてみましょう。

> **NOTE 本書コードのリポジトリ**
>
> 本章のすべてのコードは、以下のGitHubリポジトリにあります。
>
> URL https://github.com/k26dr/ethereum-games/blob/master/contracts/PonzisAndPyramids.sol

7.3 単純なポンジ

ポンジスキームの最も単純なバージョンは、現在の出資者から送られた資金を取ってきて前の出資者へ転送することを必要とします。各出資が前の出資より大きい限りは、最後の出資者以外の出資者は皆出資の見返りを得ます。この流れを、コードを書いてコントラクトにしましょう（リスト7.1）。

リスト7.1　単純なポンジスキーム

```solidity
contract SimplePonzi {
    address public currentInvestor;
    uint public currentInvestment = 0;

    function () payable public {
        // 新しい出資は現在の出資より10%大きくなければならない
        uint minimumInvestment = currentInvestment * 11/10;
        require(msg.value > minimumInvestment);
```

```
        // 新しい出資者を記録する
        address previousInvestor = currentInvestor;
        currentInvestor = msg.sender;
        currentInvestment = msg.value;

        // 前の出資者に支払いを行う
        previousInvestor.send(msg.value);
    }
}
```

リスト7.2の変数から始めて、コントラクトを数行ずつ詳細に見ていきましょう。

リスト7.2 単純なポンジスキーム：変数

```
    address public currentInvestor;
    uint public currentInvestment = 0;

    function () payable public {
```

このコントラクトには、2つの変数currentInvestorとcurrentInvestmentがあります。currentInvestor変数はコントラクトの直近の出資者のアドレスです。このアドレスは出資に対する収益を受け取っていない唯一のアドレスで、誰もこの出資者の買値を上回らないならば、この出資者は自分の出資分を失います。currentInvestment変数は、出資者が失いそうな出資金額です。

リスト7.3 単純なポンジスキーム：最低出資額

```
        uint minimumInvestment = currentInvestment * 11/10;
        require(msg.value > minimumInvestment);
```

新しい出資はすべて、現在の出資より少なくとも10％以上大きくなければならず、そうでなければ拒絶されます。今回の出資者たちはうまみのある見返りを期待しており、ごまかしは歓迎されません。最低出資額を計算するには1.1を掛ける必要があります。残念ながらSolidityでは小数を使えないので、同じ効果を得るために11を掛けてから10で割ります（リスト7.3）。

リスト7.4 単純なポンジスキーム：新しいカモの導入

```
        address previousInvestor = currentInvestor;
        currentInvestor = msg.sender;
        currentInvestment = msg.value;
```

新しい出資を流用して前の出資者に払えるように、前の出資者の参照を保持しておきます。

```
previousInvestor.send(msg.value);
```

新しい出資は、直接、前の出資者へ送られます。企業の発展のような取るに足りないことのためにコントラクト内にイーサを実際に保持するなどということはやりません。

重要な注意点として、ここでは意図的に`.transfer`の代わりに`.send`を使います。`.transfer`を使うと、下手に書かれた（または悪意のある）不正なコントラクトから出資することで、このコントラクトをどのユーザーでも封鎖できるようになります。それに対し`.send`を使うと、不正なコントラクトからイーサを送る出資者は、単にイーサをまったく受け取りません。不正なコントラクトから送金するシナリオでは`.send`は失敗し`false`を返すので、ここでは`.send`の返り値を無視します。また、コントラクトはアドレスを新しい出資者のもので上書きします。そしてイーサはコントラクト内にとどまり、請求不能となります。`.send`はコントラクトへ送金するときに2300ガスのみ転送するため、再入可能性攻撃に対しても安全であることに注意してください。

これは、本書で書いていくコントラクトに認められる共通テーマです。ハックの試みには可能な限り金銭的なペナルティを課することで、攻撃者を抑止していきます。抑止の過程で誤ってペナルティを受ける善意の開発者がいたとしても、やむをえない副作用として受忍する用意があります。ブロックチェーンのエンジニアリングにおいては、セキュリティが最重要です。他のすべては副次的に考慮すべきことでしかありません。

このコントラクトをデプロイするには、いつものようにマイグレーションが必要です。リスト7.5はマイグレーションを説明なしで掲載しています。説明は第3章を参照してください。

リスト7.5 単純なポンジスキームのマイグレーション

```
var fs = require('fs');
var SimplePonzi = artifacts.require('SimplePonzi');

module.exports = function(deployer, network) {
    // geth 用にアカウントを解除
    if (network == 'rinkeby' || network == 'mainnet') {
        var password = fs.readFileSync('password', 'utf8')
                         .split('¥n')[0];
        web3.personal.unlockAccount(
            web3.eth.accounts[0], password);
    }
    deployer.deploy(SimplePonzi);
};
```

このマイグレーションは本書のGitHubリポジトリの

　　URL https://github.com/k26dr/ethereum-games/blob/master/migrations/6_simple_ponzi.js

にあります。リスト7.6のコードを実行し、コントラクトをプライベートなネットワークへデプロイしてください。最初の行でTruffle開発環境を開き、2番目の行でコントラクトをデプロイします。読者のマイグレーションは本書でのマイグレーションと同じ番号と仮定していますが、同じ番号でない場合は、6を適切な番号に置き換えてください。

リスト7.6　単純なポンジスキームのデプロイ

```
$ truffle develop
truffle(develop)> migrate -f 6
```

ここから、リスト7.7に示す、コントラクトとのやり取りのサンプルを見ていきます。2つの別々のアカウントからコントラクトに出資し、資金が2番目の出資者から1番目の出資者へ流れていくのを見守ります。

リスト7.7　単純なポンジスキームとのやり取り

```
// 以下の行は1つずつリスト7.6と同じTruffle開発環境に入力すること

truffle(develop)> accounts = web3.eth.accounts
truffle(develop)> web3.eth.sendTransaction({ from: accounts[0], to: ➡
                  SimplePonzi.address, value: 1e18 })

truffle(develop)> web3.eth.getBalance(accounts[0]) // 1番目のチェック

truffle(develop)> web3.eth.sendTransaction({ from: accounts[1], to: ➡
                  SimplePonzi.address, value: 1e17 }) // エラー

truffle(develop)> web3.eth.sendTransaction({ from: accounts[1], to: ➡
                  SimplePonzi.address, value: 2e18 })

truffle(develop)> web3.eth.getBalance(accounts[0]) // 2番目のチェック
```

accounts[1]が最初に出資を試行するときは、accounts[0]の出資より少ないイーサを送金するため拒絶されます。1番目と2番目の残高チェックの間に、アカウントの残高が2イーサ分増加するのがわかりますが、それは2番目のアドレスaccounts[1]によって送られた分です。演習7.1と7.2で同じコードをメインネットで動かし、このポンジスキームを少しだけより現実的にしてみましょう。

演習 7.1　一世一代の出資！

ポンジスキームは実際にお金を儲けたり失ったりする者がいないと楽しくないので、読者が楽しいことに参加できるように、イーサリアムのメインネットに`SimplePonzi`コントラクトをデプロイしました。

URL https://etherscan.io/address/0xd09180f956c97a165c23c7f932908600c2e3e0fb

ここでコントラクトのソースコードを見たり、現在の出資を見たり、トランザクションの履歴を見たりできます。このコントラクトは現実に運営されているポンジスキームです。誰かがあとから出資した場合のみ、出資者は出資の見返りを得られます。ポンジスキーム開始の種として、このコントラクトに0.005イーサを提供しておきました。勇気ある者が富を得ることを願います。

演習 7.2　はじめてのハック

ささいなセキュリティ上の欠陥のせいで、`SimplePonzi`はほとんど利用不能になる可能性があります。この欠陥についてさらに詳しく述べると発見が容易になりすぎてしまうため、これ以上は説明しません。この欠陥を見つけて悪用できるでしょうか。次のURLにあるGitHubのイシューでこの欠陥を悪用するトランザクションへのリンクを付けて返信した最初のユーザーには、0.1イーサの報酬をお約束します[訳注1]。

URL https://github.com/k26dr/ethereum-games/issues/1

もしくは、このコントラクトか別のユーザーからイーサをまんまと盗み出すユーザーも皆報酬を受け取れますが、そんな欠陥が存在することを期待しないように！

訳注1　日本語版翻訳時には既に解答済みであり、報酬も支払い済み

7.4 現実的なポンジスキーム

SimplePonziは簡単に作成でき、ユーザーが資金を取り戻せるかどうかが不確かな、ハラハラするシナリオを作り出していました。しかしながら、現実のポンジスキームは、大きくなりすぎて維持できなくなるまでは、出資者に平均以上の割合の収益を徐々に支払う傾向があります。この、もっと現実的なシナリオを描くコントラクト（リスト7.8）を書いてみましょう。今度も物事をより明瞭に説明するために、部分に分けてコントラクトを見ていきます。一度にすべてを把握できなくても心配しないでください。

リスト7.8 　より現実的な、徐々に進行するポンジスキーム

```
contract GradualPonzi {
    address[] public investors;
    mapping (address => uint) public balances;
    uint public constant MINIMUM_INVESTMENT = 1e15;

    function GradualPonzi () public {
        investors.push(msg.sender);
    }

    function () public payable {
        require(msg.value >= MINIMUM_INVESTMENT);
        uint eachInvestorGets = msg.value / investors.length;
        for (uint i=0; i < investors.length; i++) {
            balances[investors[i]] += eachInvestorGets;
        }
        investors.push(msg.sender);
    }

    function withdraw () public {
        uint payout = balances[msg.sender];
        balances[msg.sender] = 0;
        msg.sender.transfer(payout);
    }
}
```

この、徐々に進行するポンジスキームには、3つのステート変数と3つの関数があります。かなり多数の支払いを取り扱うため、イーサを直接送ることはせずに、引き出し関数と内部残高を使います。さらに最低出資額の条件を追加して、ただ乗りを狙う者がゼロ価値のトランザクションを送信して出資者になることを防いでいます。新しい出資金は出資者間で均等に分配されるため、最低支払額以上に送金するインセンティブはありません。分配を均等にしているのは、出資者間の分け前を追跡する場合の複雑性が加わってくるのを避けるためです。

リスト7.9で、変数とコンストラクターをはじめとしたコードを部分ごとに見ていきましょう。

リスト7.9 GradualPonziの変数とコンストラクター

```
contract GradualPonzi {
    address[] public investors;
    mapping (address => uint) public balances;
    uint public constant MINIMUM_INVESTMENT = 1e15;

    function GradualPonzi () public {
        investors.push(msg.sender);
    }
```

ここでは2つのステート変数と最低出資額の定数を設定します。コンストラクターではコントラクトの作成者が最初の出資者として追加されます。他に誰も送金対象がいないため、コントラクト作成者は、イーサを送金する必要なしにポンジスキームに参加する特権を得ます。

ポンジスキームに参加しようとする出資者は、最低出資額を満たさなければなりません。イーサを送金すると、送金した出資分は全出資者間で均等に分配されます（リスト7.10）。

リスト7.10 GradualPonziの出資ロジック

```
function () public payable {
    require(msg.value >= MINIMUM_INVESTMENT);
    uint eachInvestorGets = msg.value / investors.length;
    for (uint i=0; i < investors.length; i++) {
        balances[investors[i]] += eachInvestorGets;
    }
    investors.push(msg.sender);
}
```

ポンジスキームの出資者数が増えるにつれ、新たな各出資から上がる収益として既存出資者が受け取る分は減少します。分配が完了したあとに、最新の出資者が出資者リストに追加されます（リスト7.11）。

リスト7.11 GradualPonziの引き出し

```
function withdraw () public {
    uint payout = balances[msg.sender];
    balances[msg.sender] = 0;
    msg.sender.transfer(payout);
}
```

このコントラクトのマイグレーションは、GitHubリポジトリにあります。

URL https://github.com/k26dr/ethereum-games/blob/master/migrations/7_gradual_ponzi.js

標準的なマイグレーションなので、説明なしにリスト7.12に出してあります。

リスト7.12　GradualPonziのマイグレーション(migrations/7_gradual_ponzi.js)

```javascript
var fs = require('fs');
var GradualPonzi = artifacts.require("GradualPonzi");

module.exports = function(deployer, network) {

    // geth用にアカウントを解除する
    if (network == "rinkeby" || network == "mainnet") {
        var password = fs.readFileSync("password", "utf8")
                         .split('\n')[0];
        web3.personal.unlockAccount(web3.eth.accounts[0], password);
    }

    deployer.deploy(GradualPonzi);
};
```

`truffle develop`でTruffle開発コンソールを開いてください。コントラクトをデプロイしてから、開発コンソールでコントラクトとやり取りします。リスト7.13のコードを1行ずつ開発コンソールに入力してください。

リスト7.13　GradualPonziをデプロイして使用する

```
truffle(develop)> migrate -f 7

truffle(develop)> ponzi = GradualPonzi.at(GradualPonzi.address)

truffle(develop)> web3.eth.sendTransaction({ from: web3.eth.accounts[1], to: ➡
                  ponzi.address, value: 1e15, gas: 200e3 })

truffle(develop)> ponzi.balances(web3.eth.accounts[0])

truffle(develop)> ponzi.withdraw({ from: web3.eth.accounts[0] })
```

最初の行はコントラクトをデプロイします。読者が本書での番号と異なる番号をマイグレーションに使う場合は、7を自分のマイグレーションの番号に変更してください。残りの行はコントラクトとのやり取りのサンプルを実行していきます。アカウント1はコントラクトに0.001イーサを送金してポンジスキームに出資し、それからアカウント0が残高をチェックして引き出します。アカウント1の出資時にはアカウント0が唯一の既存出資者であるため、すべてのイーサはアカウント0に行きます。以降の出資では、資金は複数の出資者間で分割されます。メインネット上で本物のイーサを出資する機会がある演習7.4の前に、演習7.3のコントラクトでより突っ込んだやり取りを実行していきます。

演習 7.3　徐々に進行するポンジスキーム

リスト7.13のサンプルコードを使って、Truffle開発コンソールで各アカウントから1回ずつ、10回の出資を一続きに実行してください。すべての出資を実行したあとに、各アカウントの残高を確認してください。収益の分配結果は古典的なポンジスキームに則っているはずで、最初の出資者が最大の収益を手にし、最後の出資者は最小の収益しか得ません。

演習 7.4　美しいポンジスキーム

GradualPonziの1バージョンをメインネットへデプロイしました。トランザクション履歴とコントラクトの状態は次のURLで閲覧できます。

URL https://etherscan.io/address/0xf89e29fd10716757d1d3d2997975c639c8750e92

このコントラクトに0.001イーサを送って、ポンジスキームに参加してください。十分早期に参加すれば、かなりの収益が得られるでしょう。どれだけ早期なら十分に早期なのか、プレイしてみなければそれはわかりません。

7.5　単純なピラミッドスキーム

ピラミッドスキームは、拡大し続けるピラミッドの作成と参加者への不均等な支払いとを要するため、ポンジスキームより少し複雑です。同じレベルの出資者の層から成る層状の形式で動作するSimplePyramidコントラクトを、リスト7.14内で構築しました。各層は前の層の2倍の大きさで、次の層で出資者が全員そろって満たされたときに出資を取り戻します。それから残りのイーサが全参加者に分配されます。

リスト7.14　SimplePyramidコントラクト

```
contract SimplePyramid {

    uint public constant MINIMUM_INVESTMENT = 1e15; // 0.001 イーサ
    uint public numInvestors = 0;
    uint public depth = 0;
    address[] public investors;
    mapping(address => uint) public balances;

    function SimplePyramid () public payable {
        require(msg.value >= MINIMUM_INVESTMENT);
        investors.length = 3;
        investors[0] = msg.sender;
        numInvestors = 1;
        depth = 1;
```

```
        balances[address(this)] = msg.value;
    }
    function () payable public {
        require(msg.value >= MINIMUM_INVESTMENT);
        balances[address(this)] += msg.value;

        numInvestors += 1;
        investors[numInvestors - 1] = msg.sender;

        if (numInvestors == investors.length) {
            // 前の層に支払う
            uint endIndex = numInvestors - 2**depth;
            uint startIndex = endIndex - 2**(depth-1);
            for (uint i = startIndex; i < endIndex; i++)
                balances[investors[i]] += MINIMUM_INVESTMENT;

            // 残りのイーサを全参加者に配る
            uint paid = MINIMUM_INVESTMENT * 2**(depth-1);
            uint eachInvestorGets = (balances[address(this)] - paid) /
                                    numInvestors;
            for(i = 0; i < numInvestors; i++)
                balances[investors[i]] += eachInvestorGets;

            // ステート変数を更新
            balances[address(this)] = 0;
            depth += 1;
            investors.length += 2**depth;
        }
    }

    function withdraw () public {
        uint payout = balances[msg.sender];
        balances[msg.sender] = 0;
        msg.sender.transfer(payout);
    }
}
```

7.5.1 変数とステート定数

　リスト7.15で変数から始めて、わかりやすいように部分ごとに分解しながら見ていきましょう。

リスト7.15 SimplePyramidの変数

```
contract SimplePyramid {
    uint public constant MINIMUM_INVESTMENT = 1e15;
    uint public numInvestors = 0;
    uint public depth = 0;
    address[] public investors;
    mapping(address => uint) public balances;
```

コードの最初の部分は、4つのステート変数と1つの定数を宣言します。変数と定数はすべて`public`です。

♠ MINIMUM_INVESTMENT

このコントラクトに参加するのに必要な最低出資額です。最低額より多く送金することは無益なのでおすすめできません。本書では、簡単に参加できるよう10^{15}ウェイ（0.001イーサ）に設定してありますが、この値を変更することで、賭け金の大きいピラミッドスキームを作れます。

♠ numInvestors

運用中に内部で数えていく、その時点までに出資したアドレスの数です。

♠ depth

現在のピラミッドの深さレベルです。同一レベル層内の出資者数は2^{depth}です。後続の各層が出資者で満たされるにつれ、支払いが起こります。層のサイズは指数関数的に増大するため、結局は大きくなりすぎて層を出資者で満たすことができなくなります。最初の層は`depth = 0`で1人の出資者がいて、2番目の層（`depth = 1`）は2人の出資者が、3番目の層（`depth = 2`）は4人の出資者がいる、といった調子で続きます。

♠ investors

これまで出資した全アドレスを順番に入れた配列です。出資者は順番に並んでいるので、出資が起こったレベルは、配列の中の出資者の位置から計算できます。

♠ balances

標準的なイーサ残高の内部台帳です。

7.5.2 コンストラクター

リスト7.16はコンストラクターのロジックを表示します。

リスト7.16 SimplePyramidのコンストラクター

```
function SimplePyramid () public payable {
    require(msg.value >= MINIMUM_INVESTMENT);
    investors.length = 3;
    investors[0] = msg.sender;
    numInvestors = 1;
    depth = 1;
    balances[address(this)] = msg.value;
}
```

コンストラクターでは、コントラクト作成者が最初の出資者となることが要求されています。コントラクト作成者は、少なくとも最低出資額を送金しなければなりません。最初は空きスロットが3人の出資者向けに用意されています。コントラクトの作成者は1番目の層に1人だけいて、2番目の層は空きスロットが2つあります。2番目の層が満たされるまで支払いは行われないので、最初の出資はコントラクトの内部残高に追加されます。

7.5.3 出資と支払いのロジック

♠ 出資ロジック

リスト7.17は出資のロジックの一部を含みます。

リスト7.17 SimplePyramidの出資ロジック

```
function () payable public {
    require(msg.value >= MINIMUM_INVESTMENT);
    balances[address(this)] += msg.value;

    numInvestors += 1;
    investors[numInvestors - 1] = msg.sender;
```

ピラミッドの層が出資者で満たされ支払いが引き起こされる場合以外の、通常の出資については、コントラクトはステート変数のみを更新します。出資が最低出資額を超えると、コントラクトの内部残高が出資額分追加更新され、出資者がinvestors配列の終端に追加されます。

♠ 支払いロジック

最新の出資者がピラミッドの層を満たすと、リスト7.18の支払いロジックが実行されます。

リスト7.18 SimplePyramidの払い戻し

```
if (numInvestors == investors.length) {
    // pay out previous layer
    uint endIndex = numInvestors - 2**depth;
    uint startIndex = endIndex - 2**(depth-1);
    for (uint i = startIndex; i < endIndex; i++)
        balances[investors[i]] += MINIMUM_INVESTMENT;
```

この処理は、前の層に最初の出資を払い戻すところから始まります。各層が2^{depth}の出資者を含むため、前の層の終端は配列内のインデックスを2^{depth}個戻ることで決定できます。その前の層は現在の層の半分の大きさでしかないため、その層の始めは層の終わりからインデックスを$2^{depth-1}$個分戻ったところにあります。層の始めから終わりのインデックスへループ処理していきながら、各出資者の内部残高に最初の出資が払い戻されます。

前の層が払い戻しを受けると、コントラクト内の残りのイーサが全参加者間で均等に分配されます（リスト7.19）。

リスト7.19 SimplePyramidの利子支払い

```
// すべての参加者に残りのイーサを配る
uint paid = MINIMUM_INVESTMENT * 2**(depth-1);
uint eachInvestorGets = (balances[address(this)] - paid) /
                        numInvestors;
for(i = 0; i < numInvestors; i++)
    balances[investors[i]] += eachInvestorGets;
```

払い戻しとして支払われる額を決定するには、最低出資額に、前の層のサイズ$2^{depth-1}$を掛けます。残りは均等に分割され、各出資者の内部残高に追加されます（リスト7.20）。

リスト7.20 SimplePyramidの層追加

```
// ステート変数を更新
balances[address(this)] = 0;
depth += 1;
investors.length += 2**depth;
```

コントラクトの内部残高は出資者に分配されたため0になり、**depth**は増加し、次の層に入る出資者たちを収容するために出資者配列のサイズが拡張されます。

コントラクトは標準的な引き出し関数を使います（リスト7.21）。説明は「5.5 引き出し関数」を見てください。

リスト7.21 SimplePyramidの引き出し

```
function withdraw () public {
    uint payout = balances[msg.sender];
    balances[msg.sender] = 0;
    msg.sender.transfer(payout);
}
```

7.5.4 マイグレーション

このコントラクトのマイグレーションは標準的なものですが、1つだけ例外があります。最初の出資にはデプロイ時に10^{15}ウェイ分の額が含まれるという点です。完全なマイグレーションはGitHubリポジトリにあります。

URL https://github.com/k26dr/ethereum-games/blob/master/migrations/8_simple_pyramid.js

にあります。標準的ではない行のみここに載せます。

```
deployer.deploy(SimplePyramid, { value: 1e15 });
```

コントラクトをプライベートなネットワークへデプロイするには、Truffle開発コンソールで、リスト7.22のコマンドを使用してください。いつものように、必要ならばマイグレーション番号（8）を自分用のマイグレーション番号に置き換えてください。

7.5.5 デプロイ

リスト7.22 SimplePyramidをデプロイする

```
$ truffle develop

# 以下のコマンドは開いた状態の開発コンソールに入力
truffle(develop)> migrate -f 8
truffle(develop)> pyramid = SimplePyramid.at(SimplePyramid.address)
```

このコマンドによってデプロイされたコントラクトを指す、ポインター変数（pointer variable：データの実体を指し示す位置のみを格納し、それを経由して実体にアクセスするための変数）pyramidが作成されます。演習7.5ではコントラクトとやり取りするためにそのポインターを使っていきます。プライベートネットワーク上でピラミッドスキームを利用するのに慣れたら、演習7.6でメインネット上のピラミッドスキームに参加できます。

演習 7.5　ピラミッド分配

Truffle開発コンソール内で、リスト7.22で作った変数pyramidを使い、自分のSimplePyramidコントラクトとやり取りしてください。Truffleで作った10個のアカウントを出資者として使って、最初の3層を出資者で満たし、それから出資がピラミッドスキームの参加者間で再分配されていくのを観察してください。

演習 7.6　破産への道

SimplePyramidの1バージョンをメインネットへデプロイしたので、読者も詐欺に引っかかることができます。お金を失いすぎてプレイできなくなる心配がないよう、最低出資額は手頃な0.001イーサに設定されています。早く参加すればお金が儲かることすらあるかもしれません。gethコンソールを使い0.001イーサをピラミッドスキームへ送金しイーサスキャンで活動を追跡してください。コントラクトのコードとステートは以下のURLで読めます。

URL https://etherscan.io/address/0x9b0033bccf2d913dd17c08a5844c9dd31dd34833

7.6　GovernMental

GovernMental（ガヴァーンメンタル。政府運営シミュレーションゲーム）は、2016年の初めに、約40日間にわたりイーサリアムのメインネット上で実行された複雑なピラミッドスキームで、当時はイーサリアムネットワーク上で最も人気のあるコントラクトの1つでした。このゲームのルールとコードはリスト7.23と7.24にそれぞれ再現されています。ルールは

URL http://governmental.github.io/GovernMental/

で読むことができ、コードは

URL https://etherscan.io/address/0xf45717552f12ef7cb65e95476f217ea008167ae3#code

でも見ることができます。

リスト7.23 GovernMentalのルール

- 政府に資金を貸すことができます。政府は、借りた資金に、10%の利子を付けて返すことを約束します。最低寄与額は1イーサです。

- 政府が12時間の間に新しい資金を受け取らない場合、システムは破綻します。最後の貸主は、クラッシュの到来に気付いたということで、ジャックポット（jackpot：積み立て掛け金）を受け取ります。他は全員、貸した資金の請求権を失います。

- 入ってくる資金は、すべて以下のように利用されます。5%は「ジャックポット」（10000イーサが上限）に行きます。別の5%は、政府を運営する悪徳エリート（コントラクトの作成者）に行きます。90%は、貸し付けの日付順に貸主に支払うのに使われます。ジャックポットが一杯のときは、貸主への支払いに95%が行きます。

- 貸主は、アフィリエイトのリンクを共有できます。リンクを経由して預けられた資金は、以下のように分配されます。5%はリンクを共有した仲間に直接行き、別の5%は悪徳エリートに行き、また別の5%は、ジャックポットがいっぱいになるまでジャックポットに行きます。残りは貸主への支払いに使用されます。

リスト7.24 GovernMentalのコード

```
contract Government {

    // グローバル変数
    uint32 public lastCreditorPayedOut;
    uint public lastTimeOfNewCredit;
    uint public profitFromCrash;
    address[] public creditorAddresses;
    uint[] public creditorAmounts;
    address public corruptElite;
    mapping (address => uint) buddies;
    uint constant TWELVE_HOURS = 43200;
    uint8 public round;

    function Government() {
        // 悪徳エリートが新政府を設立
        // 悪徳エリートの公約は「クラッシュから救済されないすべて」
        profitFromCrash = msg.value;
        corruptElite = msg.sender;
        lastTimeOfNewCredit = block.timestamp;
    }

    function lendGovernmentMoney(address buddy) returns (bool) {
        uint amount = msg.value;

        // システムがすでに破綻したかどうか確認。
        // システムに貸し付けを行う新貸主が12時間出てこない場合システムは破綻
```

```
// 12 時間の平均 = 60*60*12/12.5 = 3456
if (lastTimeOfNewCredit + TWELVE_HOURS < block.timestamp) {
    // 送金者に返金
    msg.sender.send(amount);
    // 最後の貸主にコントラクトの資金をすべて送金
    creditorAddresses[creditorAddresses.length - 1]
        .send(profitFromCrash);
    corruptElite.send(this.balance);
    // コントラクトの状態をリセット
    lastCreditorPayedOut = 0;
    lastTimeOfNewCredit = block.timestamp;
    profitFromCrash = 0;
    creditorAddresses = new address[](0);
    creditorAmounts = new uint[](0);
    round += 1;
    return false;
}
else {
    // 生存のためにシステムはクラッシュから少なくとも
    // 1% の利益を徴収する必要がある
    if (amount >= 10 ** 18) {
        // 新鮮な資金を受領したため、
        // システムはあと少なくとも 12 時間は生き延びる
        lastTimeOfNewCredit = block.timestamp;
        // 新しい貸主と貸付額に利子率 10% 分を加えた額とを登録
        creditorAddresses.push(msg.sender);
        creditorAmounts.push(amount * 110 / 100);
        // ここで資金が分配される
        // まずは悪徳エリートが 5% を手にする - 盗賊ども！
        corruptElite.send(amount * 5/100);
        // 5% は財政に入る
        // (クラッシュの到来に気付いていた人にとっては利益額が 5% 増す)
        if (profitFromCrash < 10000 * 10**18) {
            profitFromCrash += amount * 5/100;
        }
        // 政府内に送金者のアフィリエイト仲間がいるなら
        // (そして仲間が貸主リストにすでに載っているなら)
        // 仲間は送金者の貸付額の 5% を得られる。
        // 仲間と取引しろ。
        if(buddies[buddy] >= amount) {
            buddy.send(amount * 5/100);
        }
        buddies[msg.sender] += amount * 110 / 100;
        // 資金の 90% は古い貸主に支払うのに使われる
        if (creditorAmounts[lastCreditorPayedOut] <=
            address(this).balance - profitFromCrash) {
            creditorAddresses[lastCreditorPayedOut].send(
                creditorAmounts[lastCreditorPayedOut]);
            buddies[creditorAddresses[lastCreditorPayedOut]] -=
```

```
                    creditorAmounts[lastCreditorPayedOut];
                lastCreditorPayedOut += 1;
            }
            return true;
        }
        else {
            msg.sender.send(amount);
            return false;
        }
    }
}

// フォールバック関数
function() {
    lendGovernmentMoney(0);
}

function totalDebt() returns (uint debt) {
    for(uint i=lastCreditorPayedOut; i<creditorAmounts.length; i++){
        debt += creditorAmounts[i];
    }
}

function totalPayedOut() returns (uint payout) {
    for(uint i=0; i<lastCreditorPayedOut; i++){
        payout += creditorAmounts[i];
    }
}

// システムへの投資はやめておいたほうがいい
// （あなたが悪徳エリートでシステムへの信用を確立したいのでもなければ）
function investInTheSystem() {
    profitFromCrash += msg.value;
}

// 時々、悪徳エリートは次世代へ権力を継承する
function inheritToNextGeneration(address nextGeneration) {
    if (msg.sender == corruptElite) {
        corruptElite = nextGeneration;
    }
}

function getCreditorAddresses() returns (address[]) {
    return creditorAddresses;
}

function getCreditorAmounts() returns (uint[]) {
    return creditorAmounts;
}
}
```

警告として、このコードはSolidityの最新版では正常に動作しません。このコードは、コントラクトが書かれた時点以降に廃止された、Solidity言語に存在していた癖をいくつか利用しています。Solidityの最新版で動作するバージョンのコードはGitHubリポジトリの**contracts/Governmental.sol**にあります。お望みならそのバージョンをデプロイして操作してみることができますが、それは演習としてとってあります。

今回のコードにはコメントがしっかり付けられているため、他のコントラクト向けに実施したように詳細に全体を見ていくことはしません。リスト7.25の変数から始めて、理解の難しい部分のみを扱います。

リスト7.25 GovernMentalの変数

```
// グローバル変数
uint32 public lastCreditorPayedOut;
uint public lastTimeOfNewCredit;
uint public profitFromCrash;
address[] public creditorAddresses;
uint[] public creditorAmounts;
address public corruptElite;
mapping (address => uint) buddies;
uint constant TWELVE_HOURS = 43200;
uint8 public round;
```

7.6.1 ステート変数

使用されているステート変数を理解すれば、コントラクト自体を半分は理解したことになります。ステート変数を見ていきましょう。

♠ lastCreditorPayedOut

この変数の名前の付け方は、決して上手いとはいえません。支払いをまだ受けていない最初の貸主のインデックスを保持します。`creditorAddresses`と`creditorAmounts`とともに使われます。

♠ lastTimeOfNewCredit

最後の出資時刻のタイムスタンプを保持する、UNIXタイムスタンプです。新しい出資が12時間以内に届かない場合、ピラミッドは「倒壊」し、最後の貸主がジャックポットを受け取ります。

♠ profitFromCrash

「クラッシュによる利益」という意味で、最後の貸主が勝ち取りそうなジャックポットの額を表します。悪徳エリートによる最初の出資額以内の資金がジャックポットの種となり、全貸主の出資の5%ずつが追加されていきます。

♠ creditorAddresses

貸主のアドレスのリストです。`creditorAddresses[lastCreditorPayedOut]`は、支払われていない者の列の先頭の貸主を指します。

♠ creditorAmounts

各貸主に負っている借金額のリストです。`creditorAmounts[lastCreditorPayedOut]`は、支払いを受けていない者の行列の先頭にいる貸主に負った借金額を指しています。

♠ corruptElite

悪徳エリートという意味で、コントラクトの作成者を表します。このアドレスが全出資金の5%を受け取ります。

♠ buddies

仲間たちという意味で、貸主のアドレスと貸付額との対応付けを表します。`creditorAddresses`と`creditorAmounts`の組み合わせで、冗長にも見えますが、配列ではなく`mapping`であるため、単一アドレスの探索に関してはこの`mapping`を利用すると、利用しない場合よりずっと高速です。アフィリエイトのボーナスを決定するのに使われます。

♠ TWELVE_HOURS

12時間(秒単位)を表す定数です。

♠ round

ラウンドを表す変数です。ジャックポットが払い出されるたびに新しいラウンドが開始します。理論的には、ゲームは永遠に続行可能です。ゲームが大きくなりすぎた場合実際に何が起きたかは、第5章を参照してください。

7.6.2 貸主への支払いロジック

これらの変数を理解すれば、コントラクトの他の部分で唯一解釈が難しいのは貸主への支払いだけです（リスト7.26）。

リスト7.26 GovernMentalの貸主支払い

```
// 資金の 90% は古い貸主に支払うのに使われる
if (creditorAmounts[lastCreditorPayedOut] <=
    address(this).balance - profitFromCrash) {

    creditorAddresses[lastCreditorPayedOut].send(
        creditorAmounts[lastCreditorPayedOut]);

    buddies[creditorAddresses[lastCreditorPayedOut]] -=
        creditorAmounts[lastCreditorPayedOut];

    lastCreditorPayedOut += 1;
}
```

コードを読みやすくするため、適宜空行を挿入しました。次の貸主に支払ってもジャックポットに支払うのに十分なイーサがコントラクトに残る場合のみ、`if`条件が真になります。ジャックポットには、貸主への払い戻し以上の優先順位が付けられています。このことは、払い戻しを受けられなかった大量の貸主が行列に並ぶ可能性があることを意味しています。

次の貸主に支払うのに十分な額のイーサがコントラクト内にあれば、貸主に負っている借金額が貸主のアドレスへ送られます。貸主に負っている借金額は最初の出資額の10%を利息として含むのを思い出してください。

コードの3ブロック目は、仲間リスト（`buddies`）の値から貸主に支払われた額を引きます。この行は値をゼロに設定するようにして単純化することもできました。あるアドレスが貸付額の支払いを受けて以降は、アフィリエイト仲間紹介ボーナスを請求できないようになるというわけです。それから最後の行は、次の貸主が次のトランザクションで支払いを受けられるように、貸主のインデックスを1増加させます。

7.7 まとめ

　本章では、一連のピラミッドスキームとポンジスキームのコントラクトを見ていき、読者ははじめての現実世界のコントラクトであるGovernMentalに触れることになりました。メインネットにデプロイしたSimplePonzi、GradualPonzi、SimplePyramidはすべて、読者が他の読者と共同で利用可能です。イーサリアムによって可能になる、ユニークなゲームデザインの数々を探究していく最初の章である本章は、ポンジスキームとピラミッドスキームで構成されていました。この探究を、次章では宝くじについて続けていきます。

Chapter 8

宝くじ

宝くじは、イーサリアムの優れたユースケースです。ピラミッドスキーム同様に、宝くじはイーサリアムブロックチェーン上の最初期のコントラクト群に含まれていました。結果は証明可能に公正で、賞金の分け前を取る中央権力が不要となるうえに、単一の司法権にしばられることなく宝くじを運営できるようになります。未来の宝くじがブロックチェーン上で行われる可能性は、非常に高いといえるでしょう。本章は、よい宝くじの運用に対する主要な障害である乱数生成を扱ってから、だんだん複雑になる一連の宝くじのコントラクトを開発していきます。

> **NOTE**
> **本章コードのリポジトリ**
>
> 本章のすべてのコードは、次のGitHubリポジトリにあります。
>
> URL https://github.com/k26dr/ethereum-games/blob/master/contracts/Lotteries.sol

8.1　乱数生成（再び）

　第5章では乱数生成（RNG）を詳細にわたって取り上げました。簡潔にまとめると、エントロピー源の主要な選択肢としてはブロックハッシュと外部のオラクル（oracle：神託。「10.4.1 単一オラクル」参照）があります。複雑さと外部依存とを最小化するために、本書では乱数にブロックハッシュを使っていきます。

　前のブロックハッシュのみが利用可能であり、かつトランザクション実行時にわかっているので、最終結果を予測不能にするために追加的措置を取る必要があります。具体的には、宝くじ券の購入期間と当選者の抽選との間に時間的遅延を設け、当選者決定に用いられるブロックハッシュが宝くじ券配布時点では不明であるようにします。

　そのようなブロックハッシュを使う方法よりも良質なRNGを宝くじによって作れると第5章（「5.8 乱数生成」）で言及しました。本章の後ろのほうでは、その宝くじを使う乱数生成方法を実践していきます。ブロックハッシュを使う方法よりも複雑で使い勝手が悪くなりますが、見返りにもっと良質なエントロピー源を提供してくれます。

8.2 単純な宝くじ

可能な限り最も単純な宝くじから始めましょう。今回の単純な宝くじは1回だけ行われるもので、乱数にブロックハッシュを使い、当選者は1人のみとします。詳細を説明する前にまずコードの全体を提示します（リスト8.1）。

リスト8.1 単純な宝くじ

```
contract SimpleLottery {
    uint public constant TICKET_PRICE = 1e16; // 0.01 イーサ

    address[] public tickets;
    address public winner;
    uint public ticketingCloses;

    function SimpleLottery (uint duration) public {
        ticketingCloses = now + duration;
    }

    function buy () public payable {
        require(msg.value == TICKET_PRICE);
        require(now < ticketingCloses);

        tickets.push(msg.sender);
    }

    function drawWinner () public {
        require(now > ticketingCloses + 5 minutes);
        require(winner == address(0));

        bytes32 rand = keccak256(
            block.blockhash(block.number - 1)
        );
        winner = tickets[uint(rand) % tickets.length];
    }

    function withdraw () public {
        require(msg.sender == winner);
        msg.sender.transfer(this.balance);
    }

    function () payable public {
        buy();
    }
}
```

この宝くじは、コンストラクターと、ユーザーが取れる3つの行動である宝くじ券購入、当選者の抽選、賞金の請求に相当する3つの`public`関数を持ちます。デフォルトでは、ユーザーがコントラクトのアドレスにイーサを送金すると、フォールバック関数が宝くじ券を購入します。

8.2.1 定数とステート変数

コントラクトに宣言された定数とステート変数を再度吟味することにより、実装の詳細に関する直感が得られます。

♠ TICKET_PRICE

宝くじ券の価格を表す定数です。ユーザーが宝くじ券を購入するときにはトランザクションと一緒にこの額を送金します。

♠ tickets

宝くじ券を購入したアドレスのリストです。ユーザーが複数の宝くじ券を購入して1つのアドレスが配列内に複数回存在することもあります。

♠ winner

宝くじの当選者、つまり賞金を請求するユーザーです。当選者が決まるまで賞金は引き出せません。

♠ ticketingCloses

UNIXタイムスタンプであり、宝くじ券はこの時刻まで購入可能です。宝くじ券配布の最中はランダムなブロックハッシュが不明であるように、この時刻から少なくとも5分以上たったあとで当選者の抽選が行われます。

`ticketingCloses`変数のみコントラクト生成時に設定が必要です。このコントラクトにおける宝くじ券購入期間はコンストラクターの引数として指定され、宝くじ券配布終了時間は`duration`秒後の未来に設定されます。

8.2.2 コンストラクター

コンストラクターが引数を取るため、その引数はマイグレーションから渡される必要があります。完全なマイグレーションは次のGitHubリポジトリにあります。

URL https://github.com/k26dr/ethereum-games/blob/master/migrations/9_simple_lottery.js

リスト8.2には、コンストラクターに、通常と異なり引数を指定するマイグレーションの部分のみ載せています。

リスト8.2 SimpleLotteryのコンストラクター引数付きマイグレーション

```
    ...
    var duration = 3600 * 24 * 3; // 3 days
    deployer.deploy(SimpleLottery, duration);
};
```

8.2.3 宝くじの処理関数

宝くじ券購入処理はとても単純なので、再掲せず手短に扱います。ユーザーが送金する額は宝くじ券の価格に完全に等しくなければならず、トランザクションは宝くじ券配布終了時間より前にマイニングされなければなりません。宝くじ券を購入すると、配列ticketsに送金者のアドレスが追加されます。

当選者の抽選処理（リスト8.3）は、配列ticketsからランダムなアドレスを選び出します。

リスト8.3 SimpleLotteryの当選者抽選

```
function drawWinner () public {
    require(now > ticketingCloses + 5 minutes);
    require(winner == address(0));

    bytes32 rand = keccak256(
        block.blockhash(block.number - 1)
    );
    winner = tickets[uint(rand) % tickets.length];
}
```

当選者を選び出すには、宝くじ券配布窓口が少なくとも5分間は閉じられている必要があります。宝くじ券購入中は誰も、エントロピー源であるブロックハッシュを知りようがないことを、確実にするためです。また、当選者アドレスに現在ゼロアドレス（`address(0)`）が設定されていることを確認すれば、当選者が選出済みではないことを保証できます。

　それから、直近のブロックハッシュをハッシュ化して、ランダムなバイト列を生成します。そのバイト列を整数に変換し、数値の範囲を限定するために剰余演算を適用すると、ランダムなインデックスができます。当選者のアドレスは、`tickets`配列内の、ランダムに生成されたインデックス位置にあるアドレスです。

　コントラクト内の残り2つの関数は以前に見ました。引き出し関数は標準的なもので、コントラクトの全残高を当選者に送金します。フォールバック関数は単純に buy（購入）関数を実行します。演習8.1では、コントラクトとの始めから終わりまでのやり取りを短時間に実行できるよう、宝くじのコードを修正してみましょう。

演習 8.1　短時間宝くじ

　マイグレーション内で、当選者抽選前の待ち期間を5分から1分へ変更し、宝くじの期間を1分に設定してください。変更した宝くじをプライベートブロックチェーンにデプロイし、ループ処理を使って10個の各アカウント用に宝くじ券を購入してください。宝くじ券配布期間と待ち期間が終わるのを数分待ち、それから当選者を抽選して、当選したアドレスから賞金を請求してください。コントラクトのすべての変数は`public`なので、コントラクトの状態は随時追跡可能なはずです。

8.3　複数回宝くじ

　「8.2　単純な宝くじ」で書いた宝くじのコントラクトは、現実世界での利用しやすさを犠牲にして単純さに集中していました。本節では、メインネットにデプロイできるような、もっと現実的な宝くじのコントラクトを構築していきます。新しい宝くじは、古い賞金プールが終了するたびに新しい賞金プールが開始されるよう、複数回のラウンドにわたって開催されます。新しい宝くじでは、ユーザーは1回のトランザクションで複数の宝くじ券を購入できるようになり、またセキュリティ上の改善点もいくつか加わります。コードの詳細に入っていく前に、リスト8.4にコントラクト全体を掲載します。

リスト8.4 複数回の複数券宝くじ

```solidity
contract RecurringLottery {
    struct Round {
        uint endBlock;
        uint drawBlock;
        Entry[] entries;
        uint totalQuantity;
        address winner;
    }
    struct Entry {
        address buyer;
        uint quantity;
    }

    uint constant public TICKET_PRICE = 1e15;

    mapping(uint => Round) public rounds;
    uint public round;
    uint public duration;
    mapping (address => uint) public balances;

    // duration(期間)はブロック数。1日 = ~5500 ブロック
    function RecurringLottery (uint _duration) public {
        duration = _duration;
        round = 1;
        rounds[round].endBlock = block.number + duration;
        rounds[round].drawBlock = block.number + duration + 5;
    }

    function buy () payable public {
        require(msg.value % TICKET_PRICE == 0);

        if (block.number > rounds[round].endBlock) {
            round += 1;
            rounds[round].endBlock = block.number + duration;
            rounds[round].drawBlock = block.number + duration + 5;
        }

        uint quantity = msg.value / TICKET_PRICE;
        Entry memory entry = Entry(msg.sender, quantity);
        rounds[round].entries.push(entry);
        rounds[round].totalQuantity += quantity;
    }

    function drawWinner (uint roundNumber) public {
        Round storage drawing = rounds[roundNumber];
        require(drawing.winner ==  address(0));
        require(block.number > drawing.drawBlock);
        require(drawing.entries.length > 0);
```

```solidity
    // 当選者を選出
    bytes32 rand = keccak256(
        block.blockhash(drawing.drawBlock)
    );
    uint counter = uint(rand) % drawing.totalQuantity;
    for (uint i=0; i < drawing.entries.length; i++) {
        uint quantity = drawing.entries[i].quantity;
        if (quantity > counter) {
            drawing.winner = drawing.entries[i].buyer;
            break;
        }
        else
            counter -= quantity;
    }

    balances[drawing.winner] += TICKET_PRICE * drawing.totalQuantity;
}

function withdraw () public {
    uint amount = balances[msg.sender];
    balances[msg.sender] = 0;
    msg.sender.transfer(amount);
}

function deleteRound (uint _round) public {
    require(block.number > rounds[_round].drawBlock + 100);
    require(rounds[_round].winner != address(0));
    delete rounds[_round];
}

function () payable public {
    buy();
}
}
```

ご覧のように、このコントラクトは前の単純な宝くじよりずっと複雑です。再利用されている機能もありますが、大部分においてはまったく新しいコントラクトです。

8.3.1 定数とステート変数

ステート変数の前に、コントラクト先頭にいくつかの構造体が定義されています（リスト8.5）。

リスト8.5 RecurringLotteryの構造体定義

```
struct Round {
    uint endBlock;
    uint drawBlock;
    Entry[] entries;
    uint totalQuantity;
    address winner;
}

struct Entry {
    address buyer;
    uint quantity;
}
```

　型と構造体の定義は変数定義とコントラクトの残りの部分で利用されるため、普通はコントラクトの先頭にあります。ここでは2つの構造体Round（ラウンド）とEntry（エントリー）を定義しました。

　ブロック番号endBlockのブロックがマイニングされ、entriesからランダムなエントリーを選出することによって当選者（winner）が決定されたときに、ラウンドは終了します。ブロック番号drawBlockにあるブロックハッシュから生成されたランダムなシードによって、どのエントリーが賞金を得るかが決まります。単一のエントリー（Entry）は、購入者（buyer）のアドレスと購入された宝くじ券の数量（quantity）を含んでいます。Entryは1つ以上の宝くじ券を保持できるため、宝くじ券の販売総数を計測するには、エントリーが増えるにつれてよりコストのかかる計算が必要になります。そのような計算を行う代わりに、各ラウンドでの宝くじ券販売数の追跡用にtotalQuantityが定義されています。

　コントラクト状態の複雑性の大部分は構造体定義が占めているので、コントラクトのステート変数と定数は最小限です。

♠ TICKET_PRICE

　単一の宝くじ券の価格を表す定数です。一度に複数の宝くじ券を購入できるためこの価格は低い可能性があります。

♠ round

　ラウンド数を表す変数です。この変数のおかげで宝くじを複数回開催できます。

♠ rounds

　ラウンド数とRound構造体とを対応付けするmappingです。

♠ duration

単一ラウンドの期間（ブロック数単位）です。1日は約5500ブロックにわたります。

♠ balances

ユーザーのアドレスと残高を対応付ける標準的な mapping です。

8.3.2 コンストラクター

今回は、コンストラクター関数（リスト8.6）で、変数を数個初期化する必要があります。

リスト8.6 RecurringLotteryのコンストラクター

```
function RecurringLottery (uint _duration) public {
    duration = _duration;
    round = 1;
    rounds[round].endBlock = block.number + duration;
    rounds[round].drawBlock = block.number + duration + 5;
}
```

今回、期間と回数は秒ではなくブロック数で計られます。秒数ではないのは、ブロックタイムが変動する可能性があるため、宝くじ券配布と抽選との間のブロック数に着目するからです。ブロックハッシュが全参加者にとって不明であるように、endBlock と drawBlock は5ブロック離して設定されています。

8.3.3 ゲームプレイ

♠ ラウンド数増加ロジック

ラウンド数を増加させるロジックは、宝くじ券購入中に処理されます（リスト8.7）。

リスト8.7 ラウンド数増加ロジック

```
function buy () payable public {
    require(msg.value % TICKET_PRICE == 0);

    if (block.number > rounds[round].endBlock) {
        round += 1;
        rounds[round].endBlock = block.number + duration;
        rounds[round].drawBlock = block.number + duration + 5;
    }
    ...
```

まず、トランザクションのイーサ価額が、宝くじ券価格の倍数であることを確認します。宝くじ券は一度に複数購入可能ですが、1単位未満の端券は認められていません。それから、現在のラウンドが終了したかどうかを確認します。終了していれば、ラウンド数カウンターを1増加させ、新ラウンドの終わりと抽選のブロック番号を設定します。宝くじ券購入処理は依然として続行されますが、元のラウンドではなく新ラウンドでの最初の購入となります。

♠ 購入ロジック

リスト8.8は、buy関数の後半の宝くじ券購入ロジックを詳しく示します。

リスト8.8 宝くじ券購入ロジック

```
    ...
    uint quantity = msg.value / TICKET_PRICE;
    Entry memory entry = Entry(msg.sender, quantity);
    rounds[round].entries.push(entry);
    rounds[round].totalQuantity += quantity;
}
```

購入される宝くじ券の数量は、トランザクションとともに送られるイーサ価額を宝くじ券の価格で割ったものです。この関数はpayable関数なので、イーサを受け取れます。

2行目は興味深い箇所です。本書のコントラクトの中でも、memory修飾子をはじめて明示的に使用しました。Solidityはすべての構造体に対して自動的にコンストラクターを生成します。生成されたコンストラクターは、構造体のプロパティを、順に引数として取ります。コンストラクターによって構造体が生成されるのはmemory内であり、storage内ではありません。一方で、memory修飾子を省略すると、Solidityはデフォルトでstorage Entryのポインターを作成します。memory Entry型の値はstorage Entryのポインターでは参照できないため、コンパイラーが型不一致エラーをスローします（図8.1）。

```
,/home/kedar/code/ethereum-games/contracts/Lotteries.sol:82:9: TypeError: Type struct R
ecurringLottery.Entry memory is not implicitly convertible to expected type struct Recu
rringLottery.Entry storage pointer.
        Entry entry = Entry(msg.sender, quantity);
        ^-------------------------------------^
```

図8.1 storageとmemory間での型不一致エラー

memory構造体がstorageの配列に入れられると、そのアイテムを配列に入れる前に、Solidityが自動的にmemory構造体をstorage構造体に変換します。それが、リスト8.8の3行目がエラーをスローしない理由です。

ラウンド終了後に当選者が抽選可能となるまで、5ブロック分の待ち期間があります。5ブロッ

ク先は、ブロックハッシュをあらかじめ誰も知ることができない程度に十分先の未来です。最新の利用可能なブロックハッシュは前のブロックからのものであるため、最小限としては2ブロックで十分でしょうが（「5.8 乱数生成」の説明を参照）、ここでは安全のために5ブロック待ちます。

♠ 抽選ロジック

リスト8.9はdrawWinner関数の前半を再現します。この関数はラウンド数を引数として取ります。

リスト8.9　当選者抽選のための初期条件とローカル変数

```
function drawWinner (uint roundNumber) public {
    Round storage drawing = rounds[roundNumber];
    require(drawing.winner == address(0));
    require(block.number > drawing.drawBlock);
    require(drawing.entries.length > 0);

    // 当選者を選ぶ
    bytes32 rand = keccak256(
        block.blockhash(drawing.drawBlock)
    );
    uint counter = uint(rand) % drawing.totalQuantity;
    ...
```

ここでは、3つのチェックが実施されます。1番目のチェックは指定ラウンドで当選者が決定済みではないことを確認し、2番目のチェックはdrawBlockブロックハッシュが現在利用可能であることを検証し、3番目のチェックは少なくとも1つ宝くじが購入されたことを確認します。誰でもいつでもどのラウンドでもdrawWinner関数を発動できますが、この関数が一度だけ問題なく実行されることを確認するために、3つのチェックが組み合わされています。

抽選がいつ起こるかにかかわらず、乱数生成器がランダムシードを生成するにはdrawBlockからのブロックハッシュを指定して利用します。これにより、SimpleLotteryでは単純化のために無視していた、セキュリティ上の小さな欠陥が修正されます。drawWinner関数を発動させるとき、ユーザーは前のブロックのブロックハッシュ（SimpleLotteryのdrawWinner関数内で乱数生成に使われる）を知っています。ブロックハッシュが賞金を与えてくれることになるかどうかユーザーから見てわかる場合、賞金を与えてくれるブロックハッシュに当たるまで、ユーザーはdrawWinner関数の発動を待ち続けることができます。その特定ハッシュから賞金を受け取るであろう者だけが、この関数を発動させるインセンティブがあるユーザーであるということになります。したがって、悪意ある主体がユーザーの怠惰に乗じて賞金を先取することを恐れ、ブロックハッシュへ剰余演算を適用したり、自分が当選するブロックに向けて関数

を実行したりといった作業に、ユーザー全員が従事し続けざるを得なくなってしまうでしょう。

ブロックハッシュ取得元に特定ブロックを指定することで、この問題を解決できます。drawWinner関数がいつ発動されようが、同じブロックハッシュが使われるので、次のブロックを待つ利点がありません。

残念ながら、特定ブロックからのブロックハッシュ取得は、他に留意すべき小さな心配事をもたらします。SolidityとEVMでアクセス可能なのは、直近256個のブロックハッシュのみです。それより古いブロックのブロックハッシュについては、常に0x0の値を返します。drawWinner関数が、指定された当選ブロックの256ブロック（〜80分）以内に発動されなければ、抽選はもはや疑似乱数に基づいているとはいえません。感謝すべきことに、この欠陥を回避する方法は簡単です。宝くじの当選者が、宝くじ終了1時間以内に確実に抽選されるようにしてください。そうすれば、この欠陥は問題とはなりません。

最後の行のカウンター（counter）は、実際には当選券となります。しかし、エントリーの保持形式により当選者アドレス決定時にカウンターとして使われることになるため（リスト8.10）、カウンターと名付けられています。

リスト8.10 RecurringLotteryのラウンドの当選者を計算

```
...
for (uint i=0; i < drawing.entries.length; i++) {
    uint quantity = drawing.entries[i].quantity;
    if (quantity > counter) {
        drawing.winner = drawing.entries[i].buyer;
        break;
    }
    else
        counter -= quantity;
}
balances[drawing.winner] += TICKET_PRICE * drawing.totalQuantity;
...
```

どのエントリーも数量が関連付けられています。すべてのエントリーの数量の合計であるdrawing.totalQuantityは、リスト8.9ではシードに剰余演算を行うために使われ、結果はcounterに保持されていました。このcounterの初期値が当選券であり、その宝くじ券が属するアドレスを決定する必要があります。

そのために、一連のエントリーをループ処理していき、counterから各エントリーのquantityを引いていきます。そうするとやがて、エントリー中の宝くじ券の数量のほうがcounterに残った数値より大きくなるポイントに到達します。このことは、そのエントリー内の宝くじ券の1つが当選券に間違いないことを意味するので、エントリーのbuyerを当選者として印を付け、ループを脱出します。

賞金は、ラウンドで販売された宝くじ券の数を宝くじ券価格に掛け合わせることで求められ、ユーザーの残高に付与されて引き出せるようになります。コントラクトは標準的な引き出し関数を使います（「5.5 引き出し関数」を参照してください）。

8.3.4 クリーンアップとデプロイ

ラウンドが完了し、ユーザーが支払いを受けたあとは、そのラウンドの状態データはもはや不要になります。このコントラクトが人気になると、この状態データは極めて大きくなる可能性があるため、善きブロックチェーン界の一員として、古いデータを一掃できるように deleteRound 関数を用意します（リスト 8.11）。

リスト 8.11 古いラウンドの状態データを削除する

```
function deleteRound (uint _round) public {
    require(block.number > rounds[_round].drawBlock + 100);
    require(rounds[_round].winner != address(0));
    delete rounds[_round];
}
```

もしそのラウンドが抽選ブロックから 100 ブロック以上離れていて、かつ当選者がすでに抽選されていたら、この関数は指定されたラウンドを削除します。誰でもこの関数を呼び出せます。

このコントラクトのマイグレーションは、SimpleLottery に似ています。期間は秒ではなくブロックで指定されます。完全なマイグレーションは次の GitHub リポジトリにあります。

URL https://github.com/k26dr/ethereum-games/blob/master/migrations/10_recurring_lottery.js

通常と異なる 2 行のみ、リスト 8.12 に掲載します。

リスト 8.12 RecurringLottery のマイグレーション（migrations/10_recurring_lottery.js）

```
// duration( 期間 ) はブロック数。1 日 = ~5500 ブロック
var duration = 5500 * 7; // 7 days
deployer.deploy(RecurringLottery, duration);
```

このマイグレーションと演習 8.2 でデプロイするコントラクトでは、ラウンド期間を約 7 日間に設定していますが、自分用に、お好きに変更してください。

演習 8.2　宝くじを引いてみよう

宝くじを引いてみたい方向けに、`RecurringLottery`をメインネットとテストネットの両方へデプロイしました。

- メインネット
  URL https://etherscan.io/address/0x9283340ee8f47b59511a4f1a4bad3c5466283c09

- テストネット
  URL https://rinkeby.etherscan.io/address/0x6d198b8c429da4536f2b77d3b92731e025207884

宝くじ券を購入して運試ししてみましょう。各週の宝くじ抽選を待つ間に、抽選の行われないラウンド、または削除できるラウンドがあるかどうかを確認してください。もしあれば、他の読者の手助けに、抽選したりラウンドを削除したりするのに必要なトランザクションを実行してください。

8.4　RNG宝くじ

ブロックハッシュをRNGのエントロピー源として使うことには、理論的限界があります。宝くじの賞金であるイーサがブロック報酬を大きく超えると、「自分で作成した有効なハッシュでも賞金を自分たちにもたらさないハッシュならばすべて破棄する」といったふうに、自分たちの有利な方向にブロックハッシュを操作するようマイナーが動機付けされてしまいます。

現在のところ、この攻撃経路は理論的なものに過ぎず、悪用するのに成功した者は誰もいません。何百もの券のある宝くじの場合、ハッシュの破棄によって稼げる当選確率は数％に過ぎません。しかしながら、宝くじを使ったもっと安全なRNGが提案されているので、そのRNGにはここで扱う価値があります。

今回のコントラクトの目的は、もっと安全なRNGの利用を実演することです。そのため、宝くじ機能は単純なままにとどめ、単一の宝くじ券の購入ができる1回きりの宝くじとします。

RNG宝くじの背後にあるアイデアは、**公約**（commit）と**公表**（reveal）の連続した2段階により検証可能な乱数を作成することです。購入者は皆、宝くじ券を購入するときに公約ハッシュを提出します。ユーザーのアドレスとそのユーザーのみが知っている秘密の数とを一緒にハッシュ化することで、公約ハッシュが生成されます。

宝くじ券配布期間終了後、公約ハッシュの生成に使った秘密の数を各プレイヤーが公表しなければならない公表期間があります。秘密の数はブロックチェーン上でプレイヤーのアドレス

とともにハッシュ化され、このハッシュが宝くじ券とともに提出された公約ハッシュに一致しなければなりません。公表期間に正しい秘密の数を公表しないプレイヤーは、宝くじから落選します。各プレイヤーから公表された一連の秘密の数は一緒にハッシュ化され、当選者選出用のランダムなシードが生成されます。

8.4.1 コントラクトの全体像

コントラクトの詳細を探る前に、リスト8.13にコントラクト全体を掲載します。

リスト8.13 RNG宝くじ

```
contract RNGLottery {
    uint constant public TICKET_PRICE = 1e16;

    address[] public tickets;
    address public winner;
    bytes32 public seed;
    mapping(address => bytes32) public commitments;

    uint public ticketDeadline;
    uint public revealDeadline;
    uint public drawBlock;

    function RNGLottery (uint duration,
        uint revealDuration) public {
            ticketDeadline = block.number + duration;
            revealDeadline = ticketDeadline + revealDuration;
            drawBlock = revealDeadline + 5;
    }

    function createCommitment(address user, uint N)
        public pure returns (bytes32 commitment) {
            return keccak256(user, N);
    }

    function buy (bytes32 commitment) payable public {
        require(msg.value == TICKET_PRICE);
        require(block.number <= ticketDeadline);

        commitments[msg.sender] = commitment;
    }

    function reveal (uint N) public {
        require(block.number > ticketDeadline);
        require(block.number <= revealDeadline);

        bytes32 hash = createCommitment(msg.sender, N);
        require(hash == commitments[msg.sender]);
```

```
        seed = keccak256(seed, N);
        tickets.push(msg.sender);
    }

    function drawWinner () public {
        require(block.number > drawBlock);
        require(winner == address(0));

        uint randIndex = uint(seed) % tickets.length;
        winner = tickets[randIndex];
    }

    function withdraw () public {
        require(msg.sender == winner);
        msg.sender.transfer(this.balance);
    }
}
```

8.4.2 ステート変数

このコントラクトには、前に見たことのない新しいステート変数が4つあります。

♠ seed

当選者決定に使うランダムなシードです。秘密の数が公表されるたびに、その数を組み込むようにこのシードが変更されます。

♠ commitments

プレイヤーは皆、宝くじ券購入時に公約（commitment）を提出します。この`mapping`はその公約を保持します。

♠ ticketDeadline

前のコントラクトでの`endBlock`に相当します。このブロック番号以降、宝くじ券は購入できません。

♠ revealDeadline

公表締め切りとなるブロック番号です。公表段階が新しく追加されているので、締め切りも必要です。すべての公表は、宝くじ券配布締め切りと公表締め切りの間に起こらなければなりません。

8.4.3 コンストラクター

今回は、コンストラクターは1つではなく2つの期間を示す引数を取り（宝くじ券配布期間と公表期間）、それらの期間を、宝くじ配布と公表の各期間に締め切りを設定するために利用します。

8.4.4 購入ロジック

♠ 公約の作成

宝くじを購入する前に、ユーザーはまず公約を作成しなければなりません。ユーザーが簡単に公約を作成できるよう、コントラクトには createCommitment 関数があります（リスト8.14）。

リスト8.14 公約作成のためのSolidity関数

```
function createCommitment(address user, uint N)
    public pure returns (bytes32 commitment) {
        return keccak256(user, N);
}
```

この関数は、アドレスと秘密の数Nとを用いて公約ハッシュを作成します。公表期間中に公約をブロックチェーン上で正しく検証できるようにするには、このアドレスはユーザーのアドレスである必要があります。

パスワード保存時にソルトを使用するのと同じ理由で、ハッシュ化の前に、ユーザーのアドレスが秘密の数に結合されます。秘密の数だけを使うと、公約が辞書攻撃にさらされることになります。攻撃者は、よくある数や語句やバイト列のハッシュを含む、大きなデータベースを維持している可能性があります。秘密の数がよくある数に落ち着いた場合、攻撃者はそのハッシュから元の数を決定できます。ハッシュ化の前にユーザーのアドレスを数の先頭に付けることにより、ハッシュがデータベース内に見つかる可能性を非常に低くできます。

pure関数に使い道が出てくるのは、ここがはじめてです。pure関数の出力は関数の引数のみに依存します。このため、pure関数の呼び出しはトランザクション送信を必要としません。結果はステートツリー更新の必要なしにローカルで計算されて利用され、コンセンサスの手順を通ります。ユーザーはTruffle開発コンソール内でローカルに公約を生成できます（リスト8.15）。

リスト8.15 公約をローカルに作成

```
truffle(develop)> lottery = RNGLottery.at(RNGLottery.address)
truffle(develop)> N = 173849032
truffle(develop)> lottery.createCommitment(web3.eth.accounts[0], N)
```

3行目は、公約を32バイトの16進数文字列として吐き出します。この公約は次に宝くじ券購入トランザクション内で使用できます（リスト8.16）。

リスト8.16 公約で宝くじ券を購入する

```
truffle(develop)> commitment = lottery.createCommitment(web3.eth.accounts[0], N)
truffle(develop)> lottery.buy(commitment, { from: web3.eth.accounts[0], value: 1e16 })
```

> **NOTE**
> **より詳細なやり取りを知りたい方へ**
>
> 複数の公約と公表とのもっと詳細なやり取りを見ることに興味があるならば、テスト用の完全なやり取りがGitHubリポジトリのtest/RNGLottery.jsにあります。

♠ 宝くじの購入

宝くじ券購入ロジックは単純で（リスト8.17）、正しい価格がトランザクションとともに送られたこと、宝くじ券配布締め切りを過ぎていないことを確認し、あとで使うために公約を保存します。

リスト8.17 RNG宝くじ券購入ロジック

```
function buy (bytes32 commitment) payable public {
    require(msg.value == TICKET_PRICE);
    require(block.number <= ticketDeadline);

    commitments[msg.sender] = commitment;
}
```

8.4.5 公表ロジック

公表のロジックはもっと興味深いものです（リスト8.18）。

リスト8.18 秘密の数の公表と検証

```
function reveal (uint N) public {
    require(block.number > ticketDeadline);
    require(block.number <= revealDeadline);

    bytes32 hash = createCommitment(msg.sender, N);
    require(hash == commitments[msg.sender]);

    seed = keccak256(seed, N);
    tickets.push(msg.sender);
}
```

この関数は引数を1つ取り、その引数とは、公表される秘密の数Nです。最初の2つのチェックは、現在のブロックが公表期間中であることを確認します。それから、実装の相違によるエラーを避けるために、公約段階と同じ関数`createCommitment`を使い、公表された秘密の数とユーザーのアドレスからハッシュが作成されます。ここで生成されたハッシュが公約段階でのハッシュに正確に一致しなければならず、そうでない場合は関数がエラーをスローします。

更新版のシードを生成するには、現在のシードに秘密の数を結合したバイト列のハッシュを新しいシードとして保存します。このようにして、全プレイヤーがシード変更を完了するまで、各プレイヤーの公表に伴う秘密の数によってシードが更新されていきます。

このシステムの美しいところは、正直な主体がただ1人いれば上手くいく点です。最後に生成されるシードを予測不能にするには、未知の公表が1回あれば十分です。このことは、公正な結果を保証するのにプレイヤー同士がお互いを信用する必要がないことを意味します。それぞれのプレイヤーが保証する必要があるのは、自身の数が秘匿されていることだけです。攻撃者が結果を予測するには、すべての秘密の数、秘密の数が公表される順序、購入される宝くじ券の総数を知らなければなりません。

コードの残りの`drawWinner`関数と`withdraw`関数は、`SimpleLottery`のものとほぼ同じなので、ここではこれ以上は論じません。

8.4.6 マイグレーションとデプロイ

RNG宝くじのマイグレーションは1つではなく2つの引数を取るので、他の宝くじと少し違います。リスト8.19には異なっている行のみが掲載されています。完全なマイグレーションは次のGitHubリポジトリにあります。

URL https://github.com/k26dr/ethereum-games/blob/master/migrations/11_rng_lottery.js

リスト8.19 RNG宝くじのデプロイ(migrations/11_rng_lottery.js)

```
// duration（期間）はブロック数。1日 = ~5500 ブロック
var duration = 5500 * 7; // 7 days
var revealDuration = 5500 * 3; // 3 days
deployer.deploy(RNGLottery, duration, revealDuration);
```

8.5 パワーボール

パワーボール（Powerball）はアメリカ合衆国で開催される宝くじの種類で最も人気があるものです。この節では、ゲームとしてのパワーボールをイーサリアム上に移植するコントラクトを書いていきます。

パワーボールでは、ユーザーは宝くじ券ごとに6個の番号を選びます。最初の5つの番号は1から69の標準番号です。6番目の番号は1から26のパワーボールと呼ばれる特別な番号で、追加の賞金がもらえるものです。3日か4日ごとに抽選が行われ、標準番号5つとパワーボール番号1つから成る当選券が選ばれます。賞金は、宝くじ券面上の番号のうち、当選番号に一致するものの数に基づいて支払われます。

図8.2に、パワーボールの公式サイト（ URL https://www.powerball.com/games/powerball）に示された、支払金と確率が掲載されています。大賞は完全ジャックポットを指し、本書の場合はコントラクトの全残高となります。

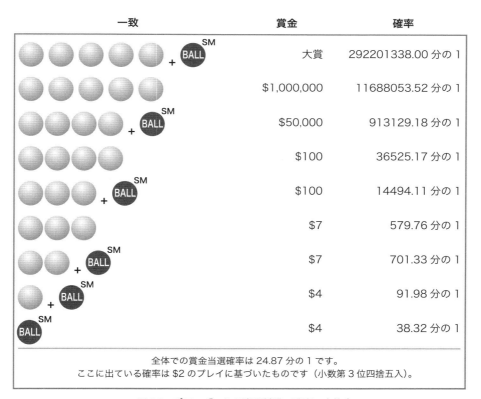

図8.2　パワーボールの当選基準、確率、支払金

8.5.1 コントラクトの全体像

リスト8.20に、パワーボールのコントラクトのコード全体を掲載しています。

リスト8.20 パワーボールのスマートコントラクト

```
contract Powerball {
    struct Round {
        uint endTime;
        uint drawBlock;
        uint[6] winningNumbers;
        mapping(address => uint[6][]) tickets;
    }

    uint public constant TICKET_PRICE = 2e15;
    uint public constant MAX_NUMBER = 69;
    uint public constant MAX_POWERBALL_NUMBER = 26;
    uint public constant ROUND_LENGTH = 3 days;

    uint public round;
    mapping(uint => Round) public rounds;

    function Powerball () public {
        round = 1;
        rounds[round].endTime = now + ROUND_LENGTH;
    }

    function buy (uint[6][] numbers) payable public {
        require(numbers.length * TICKET_PRICE == msg.value);

        // 各宝くじ券のパワーボール以外の番号が一意であることを確認
        for (uint k=0; k < numbers.length; k++) {
            for (uint i=0; i < 4; i++) {
                for (uint j=i+1; j < 5; j++) {
                    require(numbers[k][i] != numbers[k][j]);
                }
            }
        }

        // 選ばれた番号が受容可能な範囲内にあることを確認
        for (i=0; i < numbers.length; i++) {
            for (j=0; j < 6; j++)
                require(numbers[i][j] > 0);
            for (j=0; j < 5; j++)
                require(numbers[i][j] <= MAX_NUMBER);
            require(numbers[i][5] <= MAX_POWERBALL_NUMBER);
        }

        // ラウンド終了をチェック
```

```solidity
        if (now > rounds[round].endTime) {
            rounds[round].drawBlock = block.number + 5;
            round += 1;
            rounds[round].endTime = now + ROUND_LENGTH;
        }

        for (i=0; i < numbers.length; i++)
            rounds[round].tickets[msg.sender].push(numbers[i]);
    }

    function drawNumbers (uint _round) public {
        uint drawBlock = rounds[_round].drawBlock;
        require(now > rounds[_round].endTime);
        require(block.number >= drawBlock);
        require(rounds[_round].winningNumbers[0] == 0);

        uint i = 0;
        uint seed = 0;
        while (i < 5) {
            bytes32 rand = keccak256(block.blockhash(drawBlock), seed);
            uint numberDraw = uint(rand) % MAX_NUMBER + 1;

            // パワーボール以外の番号は一意でなければならない
            bool duplicate = false;
            for (uint j=0; j < i; j++) {
                if (numberDraw == rounds[_round].winningNumbers[j]) {
                    duplicate = true;
                    seed++;
                    break;
                }
            }
            if (duplicate)
                continue;

            rounds[_round].winningNumbers[i] = numberDraw;
            i++; seed++;
        }
        rand = keccak256(block.blockhash(drawBlock), seed);
        uint powerballDraw = uint(rand) % MAX_POWERBALL_NUMBER + 1;
        rounds[_round].winningNumbers[5] = powerballDraw;
    }

    function claim (uint _round) public {
        require(rounds[_round].tickets[msg.sender].length > 0);
        require(rounds[_round].winningNumbers[0] != 0);

        uint[6][] storage myNumbers = rounds[_round].tickets[msg.sender];
        uint[6] storage winningNumbers = rounds[_round].winningNumbers;

        uint payout = 0;
```

```
        for (uint i=0; i < myNumbers.length; i++) {
            uint numberMatches = 0;
            for (uint j=0; j < 5; j++) {
                for (uint k=0; k < 5; k++) {
                    if (myNumbers[i][j] == winningNumbers[k])
                        numberMatches += 1;
                }
            }
            bool powerballMatches = (myNumbers[i][5] == winningNumbers[5]);

            // 当選条件
            if (numberMatches == 5 && powerballMatches) {
                payout = this.balance;
                break;
            }
            else if (numberMatches == 5)
                payout += 1000 ether;
            else if (numberMatches == 4 && powerballMatches)
                payout += 50 ether;
            else if (numberMatches == 4)
                payout += 1e17; // .1 イーサ
            else if (numberMatches == 3 && powerballMatches)
                payout += 1e17; // .1 イーサ
            else if (numberMatches == 3)
                payout += 7e15; // .007 イーサ
            else if (numberMatches == 2 && powerballMatches)
                payout += 7e15; // .007 イーサ
            else if (powerballMatches)
                payout += 4e15; // .004 イーサ
        }

        msg.sender.transfer(payout);
        delete rounds[_round].tickets[msg.sender];
    }

    function ticketsFor(uint _round, address user) public view
      returns (uint[6][] tickets) {
        return rounds[_round].tickets[user];
    }

    function winningNumbersFor(uint _round) public view
      returns (uint[6] winningNumbers) {
        return rounds[_round].winningNumbers;
    }
}
```

8.5.2 Round 構造体

これが本章で最も複雑な宝くじであり、複数券購入と複数券支払いを備えた**複数回宝くじ**です。Round構造体は、複数回宝くじで使ったものに似ています。各ラウンドに、宝くじ券購入締め切り時刻の`endTime`、乱数生成に使うための未来のブロック番号`drawBlock`、6つの`winningNumbers`（当選番号）の配列、ユーザーのアドレスを宝くじ券に対応付けする`mapping`である`tickets`があります。宝くじ券は、宝くじ券購入時にプレイヤーによって選ばれる、6つの数から成ります。1人のプレイヤーが複数の宝くじ券を所有できるため、`tickets`のデータ型は`uint[6][]`です。ここで一つ確認事項ですが、Solidityの多次元配列の構文は、JavaやC言語の反対です。Solidityでは`uint[6][]`は、6要素の`uint[]`配列ではなく、`uint[6]`を要素とする動的配列を指します。3つの宝くじ券のリストはリスト8.21のようになります。

リスト8.21　宝くじ券の多次元配列

```
tickets = [
    [1, 2, 3, 4, 5, 6],
    [10, 2, 31, 43, 37, 15],
    [60, 15, 14, 12, 1, 6]
]
```

8.5.3 定数

コントラクトで利用するために4つの定数が定義されています。

♠ TICKET_PRICE

宝くじ券1枚の価格です。0.002イーサに設定されています。

♠ MAX_NUMBER

宝くじの標準番号として選べる最大値です。69を最大値と設定しているパワーボールの公式ルールに従います。

♠ MAX_POWERBALL_NUMBER

パワーボール番号の範囲は最初の5つの標準番号の範囲より狭くなっています。パワーボールの公式ルールではパワーボール番号の最大値が26に設定されています。

パワーボール | 177

♠ ROUND_LENGTH

ラウンドの長さ（秒数）です。完全版のゲームでは3日に設定されていますが、本章の後ろのほうで提供されるテストスクリプトではラウンドをもっと早く回すために15秒という指定が必要になっています。

8.5.4 ステート変数

複雑なところの大部分はRound構造体に含まれているので、ステート変数は2つだけです。

♠ round

現在のラウンド数です。あるラウンドで購入された券はそのラウンドの当選番号とのみ照合されます。

♠ rounds

ラウンド数とRound構造体とを対応付けするmappingです。

8.5.5 コンストラクター

コンストラクター関数も同様に単純なため、ここに再掲はしません。コンストラクターはroundを1と設定し、ラウンドのendTimeをROUND_LENGTH秒先と設定して、宝くじを開始します。

8.5.6 ゲームプレイ

♠ 宝くじの購入

コントラクトには3つの状態変更関数と、ユーザーがコントラクトの状態を楽に読み出せるようにするための追加のview関数が2つあります。状態変更関数の1つ目がbuy関数です。buy関数の前半は入力データへの一連のチェックを実施します（リスト8.22）。

リスト8.22　パワーボール宝くじ券購入要件

```
function buy (uint[6][] numbers) payable public {
    require(numbers.length * TICKET_PRICE == msg.value);

    // 各宝くじ券のパワーボール以外の番号が一意であることを確認
    for (uint k=0; k < numbers.length; k++) {
        for (uint i=0; i < 4; i++) {
            for (uint j=i+1; j < 5; j++) {
```

```
                require(numbers[k][i] != numbers[k][j]);
            }
        }
    }

    // 選ばれた番号が受容可能な範囲内にあることを確認
    for (i=0; i < numbers.length; i++) {
        for (j=0; j < 6; j++)
            require(numbers[i][j] > 0);
        for (j=0; j < 5; j++)
            require(numbers[i][j] <= MAX_NUMBER);
        require(numbers[i][5] <= MAX_POWERBALL_NUMBER);
    }
    ...
```

宝くじ券購入のためには、ユーザーはリスト8.21のような宝くじ券番号のリストを渡さなければなりません。リスト8.22のコードは、提示された宝くじ券数に応じた適切な量のイーサが渡されたかを検証します。それから複数の宝くじ券をループ処理し、それぞれが適切な範囲の番号を選択したかを検証します。標準番号は1〜69の範囲に入っていなければならず、パワーボール番号は1〜26の範囲に入っていなければなりません。

宝くじ券が検査を通過すれば、buy関数の後半で、コントラクト状態内の宝くじ券を更新します（リスト8.23）。

リスト8.23 宝くじ券購入ロジック

```
    // ラウンドの終了をチェック
    if (now > rounds[round].endTime) {
        rounds[round].drawBlock = block.number + 5;
        round += 1;
        rounds[round].endTime = now + ROUND_LENGTH;
    }

    for (i=0; i < numbers.length; i++)
        rounds[round].tickets[msg.sender].push(numbers[i]);
}
```

♠ 宝くじの抽選

抽選の最初に、ラウンド更新ロジックが処理されなければなりません。今回のラウンドが終了している場合、そのラウンドについてdrawBlockが設定され、roundが1増加し、新しいラウンド向けにendTimeが設定されます。

このロジックには、対処が必要な小さな欠陥があります。次回のラウンドの最初の宝くじ券が購入されるまで、今回のラウンドのdrawBlockが設定されないのです。理論的には、次回のラウンド向けの宝くじ券を誰も購入しないと、今回のラウンドの抽選が永遠に遅延する可能性

があります。しかし実用上は、宝くじは途切れがなくこの問題に陥ることはないと予想します。最悪の場合のシナリオでも、誰かが次回のラウンドの宝くじ券を購入して抽選を発動させる可能性があるということです。

ラウンドが決定されると、宝くじ券は1つずつ、ユーザーのそのラウンド用の宝くじ券プールに入れられていきます。

ラウンドが完了し、そのラウンドの`drawBlock`が渡されると、そのラウンド向けに`drawNumbers`関数が呼び出せます。この関数が、そのラウンドの当選券の役割を務める6つの番号をランダムに抽選します。この関数の前半は、番号が1回だけ適切な時間帯に抽選されたことを確認するための、一連のチェックを実行します（リスト8.24）。

リスト8.24 番号を抽選する前の時間と状態のチェック

```
function drawNumbers (uint _round) public {
    uint drawBlock = rounds[_round].drawBlock;
    require(now > rounds[_round].endTime);
    require(block.number >= drawBlock);
    require(rounds[_round].winningNumbers[0] == 0);
    ...
```

コードのこの部分は、ラウンドが終了したこと、`drawBlock`を通過したこと、そして当選番号がまだ設定されていないことを確認します。未設定の番号は常に0で、当選番号は0にはなりえないため、当選券がすでに抽選されたかどうかを知るには最初の当選番号を確認するだけで十分です。

`drawBlock`通過を確認しているにもかかわらず、ラウンド終了をも要件とするのは余計なようにも見えます。両方のチェックを含めているのは、ラウンド終了まで`drawBlock`が設定されないためです。未設定の`uint`はゼロ値になるため、ラウンド中は`drawBlock`のチェックでは不十分です。したがって、ラウンドの`endTime`に対してのチェックも実施します。

当選番号は、有効な数のセットからランダムに抽選されます（リスト8.25）。

リスト8.25 パワーボールの当選番号を抽選

```
uint i = 0;
uint seed = 0;
while (i < 5) {
    bytes32 rand = keccak256(block.blockhash(drawBlock), seed);
    uint numberDraw = uint(rand) % MAX_NUMBER + 1;

    // パワーボール以外の番号は一意でなければならない
    bool duplicate = false;
    for (uint j=0; j < i; j++) {
        if (numberDraw == rounds[_round].winningNumbers[j]) {
            duplicate = true;
            seed++;
```

```
            break;
        }
    }
    if (duplicate)
        continue;

    rounds[_round].winningNumbers[i] = numberDraw;
    i++; seed++;
}
rand = keccak256(block.blockhash(drawBlock), seed);
uint powerballDraw = uint(rand) % MAX_POWERBALL_NUMBER + 1;
rounds[_round].winningNumbers[5] = powerballDraw;
```

ここはロジックの非常に複雑に見える部分ですが、最後の3行がほとんどwhileループ内の3行の繰り返しであることに気付くと単純になります。

このコードは乱数を生成し、剰余演算を使って乱数の範囲を限定し、それから生成された数を当選番号の1つとして保存します。Solidityは直近のブロックハッシュを256個しか保持しないことに留意してください。つまりこのロジックは、drawBlockから256ブロック（〜80分）以内に実行されなければなりません。

乱数生成時に、単純に同じblockhashを毎回再利用すると、同じ番号が5回繰り返されることになってしまいます。そのため再利用はできません。代わりに一意な数（この場合、seed）を毎回ブロックハッシュに結合し、でき上がるバイト文字列をハッシュ化してシードを作ります。

whileループ内の5回の繰り返し処理とwhileループ外の処理の違いは、剰余演算に使われる数です。最初の5つの番号は1〜69の標準番号でMAX_NUMBERを剰余演算に使います。最後のパワーボール番号は1〜26の範囲に限定され、剰余演算にMAX_POWERBALL_NUMBERを使います。どちらのバージョンも剰余演算の出力に1を足して0が抽選結果となるのを防いでいます。

♠ 賞金の払い出し

番号の抽選後、当選券を持つユーザーは誰でもclaim（請求）関数を呼び出してラウンドの賞金を請求できます。claim関数の前半では各種チェックを実行し必要な変数を宣言します（リスト8.26）。

リスト8.26 パワーボールの賞金請求時のチェックと変数

```
function claim (uint _round) public {
    require(rounds[_round].tickets[msg.sender].length > 0);
    require(rounds[_round].winningNumbers[0] != 0);

    uint[6][] storage myNumbers = rounds[_round].tickets[msg.sender];
    uint[6] storage winningNumbers = rounds[_round].winningNumbers;

    uint payout = 0;
```

```
...
```

　この関数は、引数としてラウンド数を取ります。あるラウンドの宝くじ券は、別のラウンドでは無効です。ユーザーは特定のラウンドで券を購入済みでなければならず、また賞金を請求するにはそのラウンドの当選券がすでに抽選済みでなければなりません。

　そのラウンドの、ユーザーが持つ券の番号と当選番号は、ステートツリーから取り出されて`myNumbers`と`winningNumbers`に入ります。ユーザーに支払われる賞金総額は`payout`で追跡されます。

　次に、ユーザーの番号と当選番号の一致を数えます（リスト8.27）。

リスト8.27　パワーボールの賞金請求時に一致したものを数える

```
for (uint i=0; i < myNumbers.length; i++) {
    uint numberMatches = 0;
    for (uint j=0; j < 5; j++) {
        for (uint k=0; k < 5; k++) {
            if (myNumbers[i][j] == winningNumbers[k])
                numberMatches += 1;
        }
    }

    bool powerballMatches =
    (myNumbers[i][5] == winningNumbers[5]);

...
```

　最も外側のループ（`i`を使用）はユーザーの券を処理していくループです。各券には個別に6つの番号のセットが載っていますので、各券は別々に評価されなければなりません。2つの内側のループ（`j`と`k`を使用）は券の最初の5つの番号（標準番号）を当選した標準番号と比較して、いくつ一致したかを数えます。標準番号の順序はパワーボールでは無意味なため、当選した標準番号のどれに一致する場合でも一致として数えます。パワーボール番号と標準番号の間の一致は数えません。

　標準番号の比較後に、券のパワーボール番号が当選したパワーボール番号と直接比較されます。これが完了すると、一致の数と種類に基づいて支払いを実行できます（リスト8.28）。

リスト8.28　パワーボールの賞金請求時に支払いを計算する

```
// 当選条件
if (numberMatches == 5 && powerballMatches) {
    payout = this.balance;
    break;
}
else if (numberMatches == 5)
    payout += 1000 ether;
```

```
else if (numberMatches == 4 && powerballMatches)
    payout += 50 ether;
else if (numberMatches == 4)
    payout += 1e17; // .1 イーサ
else if (numberMatches == 3 && powerballMatches)
    payout += 1e17; // .1 イーサ
else if (numberMatches == 3)
    payout += 7e15; // .007 イーサ
else if (numberMatches == 2 && powerballMatches)
    payout += 4e15; // .004 イーサ
else if (powerballMatches)
    payout += 4e15; // .004 イーサ
```

これらの支払額は直接、図8.2の規則から取ってきています。この部分のコードはリスト8.27のforループ（iを使用）の内部に含まれており、各券に1回ずつ実行されます。支払額（payout）の最終的な値は各券の賞金の総額になります。

この規則の例外は、ユーザーがジャックポットを的中させて5つの番号とパワーボール番号すべてを当選番号に一致させる、まれな偶然の場合に起こります。その場合、ループを抜けてコントラクトの全残高をユーザーに渡します。ジャックポットの場合に、全残高を渡す特別なロジックではなく、標準的な支払いロジックを使おうとすると、ユーザーが支払いを受ける券を他にも持っている状況に偶然陥ってしまうかもしれません。この場合、this.balance + .004 etherのような額の支払いを試みることになってしまい、支払額がコントラクトの全残高（this.balance）より大きくなって資金不足でエラーをスローすることになります。ユーザーが魔法のようにしてどうにかジャックポットを的中させても、賞金請求ができなくなってしまいます。

支払額の計算後、ユーザーへの支払額の送金を試みます。

```
msg.sender.transfer(payout);
delete rounds[_round].tickets[msg.sender];
```

支払いが成功すると、ユーザーが再度賞金請求を試みることができないよう宝くじ券を削除します。

支払いには1つ落とし穴があります。支払いは、支払いを行うのに十分なイーサをコントラクトが保持している場合にのみ起こるということです。初期出資者が賞金を後援し出資する伝統的宝くじと異なり、今回の非中央集権的宝くじは宝くじ券購入時に宝くじ券価格として払われた分の賞金しか支払うことができません。5つの番号を一致させたときコントラクトに1000イーサがない場合、賞金を請求するにはコントラクトが1000イーサを保持するようになるまで待たなければなりません。賞金請求はいつでもでき、好きなだけ何回でも試行できますので、賞金請求権を失うことは絶対にありません。

♠ コントラクトの状態の読み出し

コントラクトの残りの関数は、コントラクトの状態を読み出すための**view**関数です（リスト 8.29）。

リスト8.29 パワーボールの券と当選番号を参照

```
function ticketsFor(uint _round, address user) public view
    returns (uint[6][] tickets) {
        return rounds[_round].tickets[user];
}

function winningNumbersFor(uint _round) public view
    returns (uint[6] winningNumbers) {
        return rounds[_round].winningNumbers;
}
```

publicな構造体には、Solidityが自動的にゲッター関数を生成します。このゲッターは、構造体内の変数に対応するアイテムのリストを、変数の宣言順に返します。しかし、Solidityは、自動生成されたゲッターの返り値の配列に複雑なデータ型を含めません。**mapping**と配列については、自前で**view**関数を生成しなければなりません。図8.3は、ゲッターである**.rounds()**を呼び出した場合に期待される出力を表示しています。

```
truffle(develop)> lottery = Powerball.at(Powerball.address);
truffle(develop)> lottery.rounds(1)
[ { [String: '1514340760'] s: 1, e: 9, c: [ 1514340760 ] },
  { [String: '0'] s: 1, e: 0, c: [ 0 ] } ]
```

図8.3 パワーボールのラウンドの構造体を参照

endTimeと**drawBlock**に対応するJavaScript配列の返り値には、2つのフィールドがあります。他の2つのフィールド**winningNumbers**と**tickets**は、複雑なデータ型なので表示されません。リスト8.29の2つの**view**関数により、それらの関数なしでは読み出せない状態を読み出すことができます。

8.5.7 マイグレーションとデプロイ

コントラクトの詳細を扱ってきましたが、コントラクトを操作する方法について詳しくは扱ってきませんでした。コントラクトを操作してみることは演習として取ってあります。コントラクトをデプロイする標準的なマイグレーションは、次のGitHubリポジトリにあります。

URL https://github.com/k26dr/ethereum-games/blob/master/migrations/12_powerball.js

読者が自分でサンプルの操作を実行できると期待していますが、もし詰まったら、テスト版の操作が次のURLにあります。

> URL https://github.com/k26dr/ethereum-games/blob/master/test/powerball.js

コントラクトに慣れてきたら、演習8.3ではメインネット上でプレイできます。

演習 8.3　パワーボーリング

パワーボール宝くじをプレイして、デカい賞金を獲得しよう！　毎日百万長者が生まれている！　たった2フィニーでプレイ可能！　寄ってらっしゃい、見てらっしゃい！　貯金下ろしてどぶに捨てろ！　初心者はテストネット上のパワーボールでよろしく。

> URL https://rinkeby.etherscan.io/address/0x274c0f91642acbe737d10c9ceddeb1b500caf39b

われらが真の大ギャンブラーは、イーサリアムのメインネット上のパワーボールへどうぞ。

> URL https://etherscan.io/address/0xcab5fb317667978e5c428393ddf98a5dc4bc15dc

追伸：このあとでもまだ宝くじをやることがうまい話だと思っているなら、一度に500枚の宝くじ券を購入するテスト用スクリプトを実行して、当選時に取り戻すものの少なさを観察するように。

8.6　まとめ

本章では、単純な宝くじを書くところから、これまでに書いた中で最も複雑なコントラクトであるパワーボールを書くところまで、ゆっくりと進んできました。多次元配列、view関数、pure関数を含む、Solidityのニッチな機能を多数、コントラクト内にはじめて盛り込みました。また、ブロックハッシュと公約－公表宝くじによる乱数生成の利用に熟達するために、かなりの時間を費やしました。次章では詐欺とギャンブルからは離れ、賞金付きパズルを扱います。

Chapter 9

賞金付きパズル

賞金付きパズルはスマートコントラクトのユニークなユースケースであり、ブロックチェーンが新たな機能の扉を開く、素晴らしい例です。賞金付きパズルの背後にあるアイデアは、後援者が、スマートコントラクトを使って証明可能な形で賞金に鍵をかけたうえで、正解のみがコントラクトの賞金を解除できるようにして、問題を解くことに対し賞金を出すというものです。

本章では、解答が提示されると直ちに賞金が解除される単純なパズルと、複数の正解者を許容する公約－公表方式のパズルの、賞金付きパズル2種類を作成していきます。それからメインネット上に公開した賞金付きパズルをいくつか提示し、賞金獲得への挑戦に読者を招待します。

ただし、コードに入っていく前に、解答の難読化（obfuscation）の基本について扱っておかなければなりません。

9.1 解答の隠蔽

賞金付きパズルのセキュリティは、解答をプレイヤーから隠蔽することができるかにかかっています。スマートコントラクト内のすべてのデータは公開されているため、何らかの形式の解答が、正確な中身を漏らすことなくブロックチェーン上に安定的に存在していなければなりません。プレイヤーの解答案提出後にコントラクトを更新して正解を入れるという対応は、コントラクト作成者が正解を事後的に変更することが可能になってしまうため、到底理想的とはいえない選択肢です。

そこで今回は、コントラクト内の正解を隠蔽するために、以下で説明する単純なハッシュ方式を使っていきます。コントラクト作成者は、コントラクト作成前に、公約を生成するために正解を自分のアドレスと一緒にハッシュ化しなければなりません。アドレスは、ハッシュのクラック（crack：セキュリティを破ること）を難しくするソルトとして機能します。その後、コントラクト生成中に公約は賞金と一緒に提出され、コントラクト内に保存されます。

単純なパズルの場合、プレイヤーはコントラクトに解答案を直接提出し、コントラクトはソルトを使って解答案をハッシュ化して公約と比較します。ハッシュが公約に一致すれば、賞金が解除されます。

公約－公表パズルでは、プレイヤーはブロックチェーン外（off-chain）で自分のアドレスを解答案とともにハッシュ化して公約を作成し、それから公約をブロックチェーンに提出します。その後にコントラクト作成者が正解を公表し、公表期間中に正しい解答案を公表したプレイヤーは皆、賞金の分け前を獲得します。

9.2 単純なパズル

今回の単純なパズル用に、リスト9.1の問題をパズルとして設定します。

リスト9.1　単純なパズル

- 10未満の自然数で3か5の倍数であるものをすべて挙げると、
  3、5、6、9となります。これらの倍数の和は23です。

- 3か5の倍数で1000未満であるものの総和を求めなさい。

このような問題を解くことに興味があるならば、参考までに。この問題は次のURLにある、Project Eulerの問題ページからのものです。

URL https://projecteuler.net/problem=1

ここで望むのは、正しい解答が解き当てられたときに賞金のイーサを解除するコントラクトを作成したいということです。リスト9.2には、それを実行する単純なコントラクトが掲載されています。

リスト9.2　単純な賞金付きパズル (contracts/PrizePuzzles.sol)

```solidity
contract SimplePrize {
    bytes32 public constant salt = bytes32(987463829);
    bytes32 public commitment;

    function SimplePrize(bytes32 _commitment)
        public payable {
            commitment = _commitment;
    }

    function createCommitment(uint answer)
        public view returns (bytes32) {
            return keccak256(salt, answer);
    }

    function guess (uint answer) public {
        require(createCommitment(answer) == commitment);
        msg.sender.transfer(this.balance);
    }

    function () public payable {}
}
```

9.2.1 定数とステート変数

このコントラクトには、定数1つとステート変数が1つだけあります。

♠ salt

ハッシュの前に付加する長いバイト文字列（ソルト）です。攻撃者が辞書攻撃で正解を推測するのを防ぐのに使われます。どんなランダムバイト文字列であれソルトとしては適切です。ページに収まるようにここでは小さくしていますが、全部で32バイトの文字列が理想的です。

♠ commitment

ソルトと正解を一緒にハッシュ化して得られるバイト文字列です。正解を公表することなく解答案が正しいか確かめるのに使われます。

9.2.2 ゲームプレイ

コントラクトのロジックは非常に単純で直接的です。コンストラクター関数は提供された公約をあとで使うために保存します。createCommitment関数は「8.4 RNG宝くじ」のものと同じです。

賞金を出資可能なように、コンストラクターとフォールバック関数は両方ともpayableです。マイグレーションがコントラクト作成時にコントラクトに出資しますが、コントラクトのアドレスへのイーサ送金によっても、いつでも出資可能です。このようにして、出資に関心があれば、複数アドレスが単一の賞金に出資できます。

guess関数（リスト9.3）は、提案された解答案が正しいかどうかを決定します。

リスト9.3　SimplePrizeの解答を推測する(contracts/PrizePuzzles.sol)

```
function guess (uint answer) public {
    require(createCommitment(answer) == commitment);
    msg.sender.transfer(this.balance);
}
```

元の公約の作成に使われたのと同じ関数を使い、解答案とソルトからハッシュが計算されます。そのハッシュがコントラクト内に保存されている公約に一致すれば、ユーザーにはコントラクトの全残高が送金されます。解答は公開され、自分で検証したいと望めば誰でも、賞金を獲得した解答案の提出過程を見ることができます。

9.2.3 マイグレーションとデプロイ

コントラクトのデプロイがこのコントラクトの複雑な部分で、鶏と卵の問題に直面します。公約を作成するにはコントラクトが必要ですが、コントラクトを作成するには公約が必要です。この問題を解決するため、コントラクトをまずは偽の公約とともにデプロイします。このコントラクト用のマイグレーションは、次のGitHubリポジトリにあります。

URL https://github.com/k26dr/ethereum-games/blob/master/migrations/13_simple_prize.js

関連部分のみをリスト9.4に掲載します。

リスト9.4 SimplePrizeコントラクトをデプロイする (migrations/13_simple_prize.js)

```
//deployer.deploy(SimplePrize, "0x0"); // 公約生成のためにはこの行を使用
deployer.deploy(SimplePrize,
    "0x9e85ce2a4f5c2955f54aa61046f6f13b096d025166f03b5dd7faacc3e1e8f07e",
    { value: 1e16 });
```

このマイグレーションには、2つの別々のデプロイ文があります。1番目はダミーのデプロイで、それによって公約を作成できます。2番目は、正しい解答とともに本物の賞金付きパズルをデプロイします。1回の実行ではどちらか1行だけ使うことを示すため、1行目は故意にコメントアウトしてあります。

最初のデプロイでは、1行目のコメントアウトを外して2番目のデプロイ文をコメントアウトします。マイグレーションは次のコードのみ実行します。

```
truffle(develop)> deployer.deploy(SimplePrize, "0x0");
```

コントラクトをデプロイし公約を作成するには、リスト9.5のコードを一度に1行ずつ開発コンソールで実行してください。このコードはマイグレーション13が`SimplePrize`のデプロイコードを含んでいると想定しています。

リスト9.5 公約を作成する

```
truffle(develop)> migrate -f 13
truffle(develop)> prize = SimplePrize.at(SimplePrize.address)
truffle(develop)> prize.createCommitment(42)
```

求める公約に相当するハッシュを最後の行が吐き出します。このハッシュが、今回のコントラクトの本物バージョンをデプロイするのに使う公約です。

ただし落とし穴が1つあります。リスト9.4の本物の公約をリスト9.5で生成された公約と比較すると、一致しないのが判明するはずです。それはリスト9.5の解答 (42) は真の解答ではないからです！ 代わりに、演習9.1でコントラクトをデプロイし、読者自身が答えを解くことになるでしょう。

演習 9.1　オイラーを誇らしい気持ちにさせろ

`migrations/13_simple_prize`を使って、開発コンソールに`SimplePrize`コントラクトをデプロイしてください。このコントラクトはリスト9.1で出題したパズルを解けば解除できる賞金を含んでいます。パズルを解いて、開発コンソールを使い賞金を解除してください。トランザクションがレシートを返せば、解答案が正しいことがわかります。誤った解答はエラーをスローします。

9.3 公約－公表パズル

公約－公表パズル (commit-reveal puzzle) では、正解が公表される前に各ユーザーが解答案を出す機会があります。その後、正解を送った全ユーザー間で賞金が分割されます。今回の公約－公表パズルの例のために、Project Eulerの2番目の問題を使います。

URL https://projecteuler.net/problem=2

リスト9.6をご覧ください。

リスト9.6　公約－公表パズルの問題

- フィボナッチ数列の新しい各項は前の2項の和として生成されます。
  1と2から開始する場合、最初の10項は次のようになります。

  1, 2, 3, 5, 8, 13, 21, 34, 55, 89, ...

- フィボナッチ数列の項で値が400万以下のもののうち、
  偶数値の項の総和を求めなさい。

9.3.1 コントラクトの全体像

いつものようにコントラクト全体をリスト9.7に提示して、詳細はあとで論じます。

リスト9.7 公約−公表パズルのコントラクト（contracts/PrizePuzzles.sol）

```solidity
contract CommitRevealPuzzle {
    uint public constant GUESS_DURATION_BLOCKS = 5; // 3日
    uint public constant REVEAL_DURATION_BLOCKS = 5; // 1日

    address public creator;
    uint public guessDeadline;
    uint public revealDeadline;
    uint public totalPrize;
    mapping(address => bytes32) public commitments;
    address[] public winners;
    mapping(address => bool) public claimed;

    function CommitRevealPuzzle(bytes32 _commitment) public payable {
        creator = msg.sender;
        commitments[creator] = _commitment;
        guessDeadline = block.number + GUESS_DURATION_BLOCKS;
        revealDeadline = guessDeadline + REVEAL_DURATION_BLOCKS;
        totalPrize += msg.value;
    }

    function createCommitment(address user, uint answer)
      public pure returns (bytes32) {
        return keccak256(user, answer);
    }

    function guess(bytes32 _commitment) public {
        require(block.number < guessDeadline);
        require(msg.sender != creator);
        commitments[msg.sender] = _commitment;
    }

    function reveal(uint answer) public {
        require(block.number > guessDeadline);
        require(block.number < revealDeadline);
        require(createCommitment(msg.sender, answer) ==
                commitments[msg.sender]);
        require(createCommitment(creator, answer) ==
                commitments[creator]);
        require(!isWinner(msg.sender));

        winners.push(msg.sender);
    }

    function claim () public {
        require(block.number > revealDeadline);
        require(claimed[msg.sender] == false);
        require(isWinner(msg.sender));
```

```solidity
        uint payout = totalPrize / winners.length;
        claimed[msg.sender] = true;
        msg.sender.transfer(payout);
    }

    function isWinner (address user) public view returns (bool) {
        bool winner = false;
        for (uint i=0; i < winners.length; i++) {
            if (winners[i] == user) {
                winner = true;
                break;
            }
        }
        return winner;
    }

    function () public payable {
        totalPrize += msg.value;
    }
}
```

9.3.2 定数とステート変数

このコントラクトは、先に紹介した単純な賞金付きパズルよりずっと複雑で、解答の推測、公表、請求期間それぞれが専用関数に分割されています。ステート変数と定数を、順を追って見ていきましょう。

♠ GUESS_DURATION_BLOCKS

解答推測期間の長さ（ブロック数単位）を表す定数です。テスト用にはこの数値を低く設定し、実際のデプロイでは16500（3日）に設定します。

♠ REVEAL_DURATION_BLOCKS

公表期間の長さを表す定数です。標準は5500ブロック（1日）ですが、テスト用にはもっと低い値に設定します。

♠ creator

コントラクトの作成者を表す変数です。

♠ guessDeadline

解答推測期間の終わりに相当するブロック番号です。

♠ revealDeadline

公表期間の終わりに相当するブロック番号です。

♠ totalPrize

賞金額（ウェイ単位）を表す変数です。各正解者が賞金を引き出すたびにコントラクト残高が変動するため、この値を追跡する必要があります。

♠ commitments

ユーザーのアドレスと、解答案に添えて提出する公約とを対応付けする`mapping`です。

♠ winners

正解者のアドレスのリストです。

♠ claimed

この`mapping`を用いて、正解者が賞金の分け前を請求するときに、その分け前を請求済みとして印を付けていきます。

9.3.3 ゲームプレイ

♠ 公約の作成

コンストラクターは、コントラクト作成時に、コントラクト作成者のアドレスをパズルの正解と一緒にハッシュ化して生成した公約を要求します（リスト9.8）。

リスト9.8 公表－公約パズルのコンストラクター（contracts/PrizePuzzles.sol）

```
function CommitRevealPuzzle(bytes32 _commitment) public payable {
        creator = msg.sender;
        commitments[creator] = _commitment;
        guessDeadline = block.number + GUESS_DURATION_BLOCKS;
        revealDeadline = guessDeadline + REVEAL_DURATION_BLOCKS;
        totalPrize += msg.value;
}
```

公約は、createCommitment関数にコントラクト作成者のアドレスとパズルの正解とを渡して、ブロックチェーン外で生成されます。公約生成の詳細については、本章の「9.2 単純なパズル」と「8.4 RNG宝くじ」を参照してください。

　コンストラクターは締め切りを設定し、正解の公約を保存し、メッセージと一緒に渡されるイーサをすべて賞金に追加します。賞金は、コントラクトにさらにイーサを送金することにより、どの時点でも増加する可能性があります。フォールバック関数はpayableであり、送られたイーサを賞金総額へ追加します。

　guess関数は、同様の公約を今度はプレイヤーに要求します（リスト9.9）。

リスト9.9　公約－公表パズルに解答案を提出する(contracts/PrizePuzzles.sol)

```
function guess(bytes32 _commitment) public {
    require(block.number < guessDeadline);
    require(msg.sender != creator);
    commitments[msg.sender] = _commitment;
}
```

　この関数は、解答推測の締め切りが過ぎていないこと、そしてもっと重要な、送信者（msg.sender）がコントラクト作成者自身ではないことを、それぞれ検証します。ここではパズルへの正解を、解答案と一緒に公約のmapping（commitments）に保存しています。そのため、コントラクト作成者に解答推測のguess関数を呼び出すことを許容すると、正解があとから上書きされ、コントラクト作成者がパズルの正解を変更できるのと同じことになってしまいます。

♠ 正解者リストの作成

　reveal関数は一連のチェックを実行し、提出された解答案がすべてのチェックを通過するとプレイヤーを正解者の配列（winners）に追加します（リスト9.10）。

リスト9.10　公約－公表パズルで正解を公表する(contracts/PrizePuzzles.sol)

```
function reveal(uint answer) public {
    require(block.number > guessDeadline);
    require(block.number < revealDeadline);
    require(createCommitment(msg.sender, answer) ==
        commitments[msg.sender]);
    require(createCommitment(creator, answer) ==
        commitments[creator]);
    require(!isWinner(msg.sender));

    winners.push(msg.sender);
}
```

　この関数は、解答推測期間締め切りから公表期間締め切りの間にだけ呼ぶことができます。

解答は、プレイヤーがguess関数で提出した解答案と、コントラクト作成者が提出した正解の両方に一致しなければなりません。これにより2つの公約の作成が要求されます。1つはプレイヤーのアドレスを使ったもので、もう1つはコントラクト作成者のアドレスを使ったものです。両方の公約が一致し、プレイヤーがすでに正解者リストに入っていないならば、そのプレイヤーを正解者リストに入れます。

♠ 正解者リストの確認

プレイヤーが正解者リストに入っているかどうかを確認するには、あとで賞金請求時に同じコードの再利用が必要となるため、別の関数isWinnerを作成します（リスト9.11）。

リスト9.11 アドレスが正解者リストに入っているかどうか確認する（contracts/PrizePuzzles.sol）

```
function isWinner (address user) public view returns (bool) {
    bool winner = false;
    for (uint i=0; i < winners.length; i++) {
        if (winners[i] == user) {
            winner = true;
            break;
        }
    }
    return winner;
}
```

この関数は正解者リストをループ処理し、引数として渡されたユーザーのアドレスであるかどうかを確認します。渡されたアドレスである場合は、ループを抜けて関数がtrueを返します。渡されたアドレスでなければ、関数はfalseを返します。

♠ 賞金の払い出し

公表の締め切りが過ぎたあとは、正解者リストに入っているプレイヤーは誰でも賞金を請求できます（リスト9.12）。

リスト9.12 公約－公表パズルの賞金を請求（contracts/PrizePuzzles.sol）

```
function claim () public {
    require(block.number > revealDeadline);
    require(claimed[msg.sender] == false);
    require(isWinner(msg.sender));

    uint payout = totalPrize / winners.length;
    claimed[msg.sender] = true;
    msg.sender.transfer(payout);
}
```

賞金は公表締め切り後いつでも請求可能です。賞金総額が全正解者間で分割されます。この関数は、賞金を二重請求できないように、プレイヤーに賞金請求済みの印を付けます。

9.3.4 デプロイ

このコントラクトのデプロイには、先に紹介した単純なパズルのコントラクトをデプロイするのと同じ手順が必要です。最初に、コントラクトを偽の公約でデプロイし、ダミーコントラクトを使って正解の公約を生成してから、本物のコントラクトを正解の公約とともにデプロイします。コードはGitHubリポジトリの `migrations/14_commit_reveal_puzzle.js` にあります。単純なパズルのマイグレーションから変わっているところは何もないので、ここには掲載しません。

> **NOTE 追加の賞金チャレンジ**
>
> 演習9.2と演習9.3では、メインネットと直接やり取りできる、2つの追加チャレンジが提示されます。1番目のチャレンジでは、読者が解くための賞金付きパズルが提供されます。2番目のチャレンジでは、読者主催の賞金付きパズルを作成するよう促されます。

演習 9.2 　賞金一番乗り

イーサリアムのメインネットへ単純な賞金付きパズルをデプロイしました。イーサスキャン上のコントラクトのページはこちらです。

URL https://etherscan.io/address/0x73388dc2f89777cbdf53e5352f516cd703d070a6

次の問題に正解すると0.02イーサの賞金が解除されます。
素数の先頭100万個の総和を求めなさい。

演習 9.3 　自分自身のパズルを作れ

一連の賞金パズルの例を見てきたので、今度は自分自身のパズルを作る番です。賞金付きパズルを自分の正解の公約と一緒にデプロイし、この演習のために作成されたGitHubイシューへ向かってください。

URL https://github.com/k26dr/ethereum-games/issues/2

そのイシューへ、自分の問題と、イーサスキャン上のコントラクトのページへのリンクを返信として投稿してください。自分自身のパズルを作れない場合や作りたくない場合は、既存パズルのどれかに寄付を行ってください。

9.4 まとめ

　本章では、2種類の賞金付きパズルを調べました。1つは正しい解答案を受け取ると直ちに賞金を解除するもので、もう1つは公約 – 公表方式を使い、複数の正解者を許容するものです。解答隠蔽処理の背後にあるロジックを綿密に見ていきましたが、そのロジックは公正な競争を運営するために必要なものです。

　次章で扱う予測市場は、未来の事象の確率に賭けることを可能とします。

Chapter 10

予測市場

ギャンブル界の分布範囲の中で、**予測市場**（prediction markets）は、プロップベット (proposition bet/prop bet：野球の試合でのファウル数など、ゲームの最終結果ではない事象に関する賭け）と株式市場の間のどこかに位置します。予測市場は株式市場のような完全な正当性は持ちませんが、普通のプロップベットよりは有意義であり、もっと真面目な問題を扱います。予測市場は、未来の事象に関するイエスまたはノーの質問を、検証可能な答えとともに提示することから始まります。そのあとに、ユーザーは市場で株式を売買することにより、事象の可能性に賭けることができます。

以下は、典型的な予測市場の質問例です。

- GDAX 暗号通貨取引所で、2019 年 1 月 1 日 0:00.00 UTC（協定世界時）に、イーサリアム取引価格は 2000 ドル以上でしょうか？

この質問は明確で、正確な時間に終了する、公に検証可能な答えがあります。よい予測市場の質問というものは、ユーザーが自分の賭けの状態を検証し追跡できるよう、すべての曖昧さの源を排除します。

本章の形式はこれまでの章とは少々異なります。複数のコントラクトを提示するのではなく、本章の大部分は複雑な予測市場コントラクトを見ていくことに費やされます。最後には、読者が自身で自由に実装できる市場決定方式を扱います。

10.1 コントラクトの概観

予測市場では、取引は、株券に分割されて行われます。答えがイエスに決定されれば各株券が 100 ウェイの支払いとなり、答えがノーに決定されれば 0 ウェイとします。このように、株価は市場の決定がイエスとなる可能性を反映しています。前述のイーサリアム取引価格に関する質問があった予測市場での株価が 60 ウェイであるなら、2019 年初頭には 60% の確率でイーサリアムが 2000 ドル以上になる、と市場が考えているということを意味します。

市場を開始するには、市場創設者は、支払い担保として各株券につき 100 ウェイを差し入れなければなりません。市場がイエスに決定すると、担保が株券所有者たちに支払われます。市場がノーに決定すると、担保は市場創設者に払い戻されます。このリスクを取るのと引き換えに、市場創設者には各取引からの手数料徴収が認められています。暗号通貨取引所での典型的手数料は 0.1% と 0.25% の間です。今回のコントラクトは取引の売り手と買い手から 0.2% の手数料を徴収しますが、これは簡単に変更可能です。

コントラクト全体はリスト 10.1 に掲載されており、コメントと分析が続きます。

リスト10.1 予測市場 (contracts/PredictionMarket.sol)

```solidity
contract PredictionMarket {
    enum OrderType { Buy, Sell }
    enum Result { Open, Yes, No }

    struct Order {
        address user;
        OrderType orderType;
        uint amount;
        uint price;
    }

    uint public constant TX_FEE_NUMERATOR = 1;
    uint public constant TX_FEE_DENOMINATOR = 500;

    address public owner;
    Result public result;
    uint public deadline;
    uint public counter;
    uint public collateral;
    mapping(uint => Order) public orders;
    mapping(address => uint) public shares;
    mapping(address => uint) public balances;

    event OrderPlaced(uint orderId, address user, OrderType
    orderType, uint amount, uint price);
    event TradeMatched(uint orderId, address user, uint amount);
    event OrderCanceled(uint orderId);
    event Payout(address user, uint amount);

    function PredictionMarket (uint duration) public payable {
        require(msg.value > 0);
        owner = msg.sender;
        deadline = now + duration;
        shares[msg.sender] = msg.value / 100;
        collateral = msg.value;
    }

    function orderBuy (uint price) public payable {
        require(now < deadline);
        require(msg.value > 0);
        require(price >= 0);
        require(price <= 100);
        uint amount = msg.value / price;
        counter++;
        orders[counter] = Order(msg.sender, OrderType.Buy, amount, price);
        OrderPlaced(counter, msg.sender, OrderType.Buy, amount, price);
    }
```

コントラクトの概観 | 203

```
function orderSell (uint price, uint amount) public {
    require(now < deadline);
    require(shares[msg.sender] >= amount);
    require(price >= 0);
    require(price <= 100);

    shares[msg.sender] -= amount;

    counter++;
    orders[counter] = Order(msg.sender, OrderType.Sell, amount, price);
    OrderPlaced(counter, msg.sender, OrderType.Sell, amount, price);
}

function tradeBuy (uint orderId) public payable {
    Order storage order = orders[orderId];

    require(now < deadline);
    require(order.user != msg.sender);
    require(order.orderType == OrderType.Sell);
    require(order.amount > 0);
    require(msg.value > 0);
    require(msg.value <= order.amount * order.price);

    uint amount = msg.value / order.price;
    uint fee = (amount * order.price) * TX_FEE_NUMERATOR / TX_FEE_DENOMINATOR;
    uint feeShares = amount * TX_FEE_NUMERATOR / TX_FEE_DENOMINATOR;

    shares[msg.sender] += (amount - feeShares);
    shares[owner] += feeShares;
    balances[order.user] += (amount * order.price) - fee;
    balances[owner] += fee;
    order.amount -= amount;
    if (order.amount == 0)
        delete orders[orderId];

    TradeMatched(orderId, msg.sender, amount);
}

function tradeSell (uint orderId, uint amount) public {
    Order storage order = orders[orderId];

    require(now < deadline);
    require(order.user != msg.sender);
    require(order.orderType == OrderType.Buy);
    require(order.amount > 0);
    require(amount <= order.amount);
    require(shares[msg.sender] >= amount);

    uint fee = (amount * order.price) * TX_FEE_NUMERATOR / TX_FEE_DENOMINATOR;
    uint feeShares = amount * TX_FEE_NUMERATOR / TX_FEE_DENOMINATOR;
```

```solidity
        shares[msg.sender] -= amount;
        shares[order.user] += (amount - feeShares);
        shares[owner] += feeShares;

        balances[msg.sender] += (amount * order.price) - fee;
        balances[owner] += fee;

        order.amount -= amount;
        if (order.amount == 0)
            delete orders[orderId];

        TradeMatched(orderId, msg.sender, amount);
    }

    function cancelOrder (uint orderId) public {
        Order storage order = orders[orderId];

        require(order.user == msg.sender);

        if (order.orderType == OrderType.Buy)
            balances[msg.sender] += order.amount * order.price;
        else
            shares[msg.sender] += order.amount;

        delete orders[orderId];
        OrderCanceled(orderId);
    }

    function resolve (bool _result) public {
        require(now > deadline);
        require(msg.sender == owner);
        require(result == Result.Open);

        result = _result ? Result.Yes : Result.No;
        if (result == Result.No)
            balances[owner] += collateral;
    }
    function withdraw () public {
        uint payout = balances[msg.sender];
        balances[msg.sender] = 0;

        if (result == Result.Yes) {
            payout += shares[msg.sender] * 100;
            shares[msg.sender] = 0;
        }

        msg.sender.transfer(payout);
        Payout(msg.sender, payout);
    }
}
```

10.1.1 独自データ型

このコントラクトは3つの独自データ型を定義しています。

♠ OrderType

注文種類を表す列挙型です。買い（Buy）または売り（Sell）を定義します。

♠ Result

現在の市場の決定を表す列挙型です。Openは、市場が活発に取引中であるか、未決定であることを意味します。YesまたはNoは、決定済みの市場を指します。結果がYesだと株主に支払いが行われ、一方で結果がNoだと市場創設者に担保を返します。

♠ Order

市場で発注されている注文を表す構造体です。発注ユーザー、注文種別（BuyまたはSell）、注文内の約定（売買が成立すること）していない株式数（amount）、注文価格（price）についての情報を含みます。

10.1.2 定数とステート変数

コントラクトには、次の定数とステート変数があります。

♠ TX_FEE_NUMERATOR

トランザクション手数料は0.002（0.2%）に設定されていますが、Solidityが小数をサポートしないため、2つの部分から成る分数として定義される必要があります。正確な分数は1/500です。この定数は、その分数の分子です。

♠ TX_FEE_DENOMINATOR

1/500であるトランザクション手数料の、分母の部分です。

♠ owner

コントラクト作成者または市場創設者です。

♠ result

コントラクトの結果の現在の状態です。OpenかYesかNoの値を取ります。

♠ deadline

市場取引可能期間の終了時刻に相当するUNIXタイムスタンプです。

♠ counter

注文ID割り当てに使われる、1ずつ増加する整数です。

♠ collateral

コントラクトに保持される担保額（ウェイ単位）です。

♠ orders

注文台帳となる注文IDと `Order` 構造体の `mapping` です。

♠ shares

ユーザーのアドレスと、ユーザーが保持している株数との `mapping` です。

♠ balances

ユーザーのアドレスと内部残高（ウェイ単位）との標準的な `mapping` です。

10.1.3 コンストラクター

コントラクトのコンストラクターは payable で、送金額によって市場内での株数を設定します（リスト10.2）。duration（期間）を唯一の引数として取り、deadline（締め切り）を設定するのに使います。

リスト10.2 予測市場のコンストラクター（contracts/PredictionMarket.sol）

```
function PredictionMarket (uint duration) public payable {
    require(msg.value > 0);
    owner = msg.sender;
    deadline = now + duration;
    shares[msg.sender] = msg.value / 100;
    collateral = msg.value;
}
```

コントラクト作成時には、各株の支払いへの担保の全部が差し入れられなければなりません。1株につき100ウェイの支払いの可能性があるため、作成される株数は送金されたウェイを100で割ったものです。市場の決定がノーであれば、担保は市場創設者に返却されます。

10.2 イベントによる状態追跡

ほとんどの大きなSolidityコントラクトは、ゲッター関数だけでは完全な内部状態を公開できません。このため、追加的情報がないと、使い勝手のよいフロントエンドの構築はほぼ不可能となります。例えば、全注文台帳の表示が目的のフロントエンドは、コントラクトからは`mapping`に設定されたキーを決定するのが不可能なため、コントラクトから台帳情報を取得できないでしょう。

イベントとログが、コントラクト内で起こったすべての行動履歴を、簡単に構文解析可能な形で提供することによって、この欠陥を補完してくれます。イベントとログは、フロントエンドとクライアントからのみアクセスできるように、コントラクト状態とは別のデータ構造に保存されています（「4.3.6 ログ取得とイベント」を参照）。コントラクト内でのすべての関連する行動を記録することで、フロントエンドはコントラクトの完全な状態を再構築できます。

今回の予測市場は、4つのイベントを備えています。`public`なステート変数に加え、それらのイベントはユーザー表示用のコントラクト状態の完全なスナップショットを構築する場合に利用できます。4つのイベントは以下のものになります。

♠ OrderPlaced

注文台帳に注文が追加されたときにログが記録されます。注文の価格（`price`）、株数（`amount`）、ユーザー（`user`）、注文種別（`orderType`：`Buy`か`Sell`）に関する情報を含みます。キャンセルされた注文や約定済み注文は扱っていないため、このイベントだけでは注文台帳の完全な状態を捕捉するには不十分です。

♠ TradeMatched

注文が約定し取引が実行されたときにログが記録されます。約定した注文の注文ID（`orderId`）、取引された株の数量（`amount`）、注文を約定したユーザー（`user`）を参照します。注文が部分的に約定することもありますので、約定した数が全注文数より少ないと注文は注文台帳に残ります。

♠ OrderCanceled

注文キャンセル時にログが記録されます。キャンセルされた注文は注文台帳から削除されます。キャンセル時に注文が部分的に約定していることもありえるため、単一の注文に`OrderPlaced`、`TradeMatched`、`OrderCanceled`の3つすべてのイベントが発生することもありえます。

♠ Payout

ユーザーが残高引き出しを行うとログが記録されます。支払いの数量（`amount`）をウェイで、ユーザーのアドレスとともに記録します。

10.3 株取引

今回の予測市場では、ユーザーは5種類の取引行動を取ることができます。買い注文、売り注文、買い注文に応じた売り、売り注文に応じた買い、未約定注文のキャンセルです。今回のスマートコントラクトには、それぞれの行動に対応する`public`関数があります。

10.3.1 買い注文

リスト10.3は、買い注文発注のコードを含んでいます。

リスト10.3 買い注文の発注(contracts/PredictionMarket.sol)

```
function orderBuy (uint price) public payable {
    require(now < deadline);
    require(msg.value > 0);
    require(price >= 0);
    require(price <= 100);
    uint amount = msg.value / price;
    counter++;
    orders[counter] = Order(msg.sender, OrderType.Buy, amount, price);
    OrderPlaced(counter, msg.sender, OrderType.Buy, amount, price);
}
```

買い注文は、0以上100以下の、指定された株価（`price`）で発注されなければなりません。すべての注文は、市場の取引終了時刻（`deadline`）の前に発注されなければなりません。注文の株数（`amount`）は、注文と一緒に送金されたイーサと株価（`price`）から自動的に計算されます。イーサ送金額0で送られた注文は、エラーをスローします。

カウンター（`counter`）は新注文ID生成時に1増加され、それから注文が作成されて、注文台帳に保存されます。そして、新しい注文が台帳に追加されたことを示すイベントがログに記録されます。

一見しただけだと見えない、細かい注意点が1つあります。それは、Solidityが構造体を`storage`ではなく`memory`に作成するという点です。前出のコードのように、ステート変数に保存される`memory`構造体に出会うと、Solidityは、ステートツリー更新前に、自動的に`memory`の構造体を`storage`の構造体に変換します。同様の自動変換はローカル変数には起こりません。作成された構造体（`struct`）を`Order memory`変数ではなく`Order storage`へ保存することを試みると、エラーをスローします。

10.3.2 売り注文

リスト10.4は売り注文発注用コードです。

リスト10.4 売り注文の発注(contracts/PredictionMarket.sol)

```
function orderSell (uint price, uint amount) public {
    require(now < deadline);
    require(shares[msg.sender] >= amount);
    require(price >= 0);
    require(price <= 100);

    shares[msg.sender] -= amount;

    counter++;
    orders[counter] = Order(msg.sender, OrderType.Sell, amount, price);
    OrderPlaced(counter, msg.sender, OrderType.Sell, amount, price);
}
```

売り注文の発注は、買い注文の発注に似ています。注文は取引終了時刻前に発注されなければならず、価格は0〜100でなければなりません。ユーザーは、現在持っている株数以下の株数を売りに指定しなければなりません。

売り注文が発注されると、ユーザーの持ち株から注文内の株数が差し引かれます。これは、ユーザーが株を二重に市場に出すのを防ぐためです。

10.3.3 買い注文に応じた売り

リスト10.5は買い注文に応じて売り注文を出すコードで、買い注文に応じるにはユーザーが株を売ることが必要なため、**tradeSell**という名前の関数です。

リスト10.5 買い注文に応じる(contracts/PredictionMarket.sol)

```
function tradeSell (uint orderId, uint amount) public {
    Order storage order = orders[orderId];

    require(now < deadline);
    require(order.user != msg.sender);
    require(order.orderType == OrderType.Buy);
    require(order.amount > 0);
    require(amount <= order.amount);
    require(shares[msg.sender] >= amount);

    uint fee = (amount * order.price) * TX_FEE_NUMERATOR / TX_FEE_DENOMINATOR;
    uint feeShares = amount * TX_FEE_NUMERATOR / TX_FEE_DENOMINATOR;

    shares[msg.sender] -= amount;
```

```
        shares[order.user] += (amount - feeShares);
        shares[owner] += feeShares;

        balances[msg.sender] += (amount * order.price) - fee;
        balances[owner] += fee;

        order.amount -= amount;
        if (order.amount == 0)
            delete orders[orderId];

        TradeMatched(orderId, msg.sender, amount);
    }
```

売買注文に応じる関数は非常に複雑です。買い注文に応じるには、注文IDと、注文株数とユーザーの持つ株数の両方以下の株数（amount）とを指定します。

ユーザーは自分自身の買い注文に応じることはできません。これは**仮想売買**（wash trading）として知られる手口で、人為的に出来高を作り出すため、ほとんどの取引所で禁止されています。

注文が応じられると、コントラクトは売り手と買い手双方から手数料を徴収し、市場創設者に与えます。買い手は株式を受け取り、売り手はイーサを受け取るので、買い手の手数料は株式で徴収され、売り手の手数料はイーサで徴収されます。

株式の更新時には、売られる株の数量（amount）が売り手の持ち株から差し引かれ、手数料を差し引いた分が買い手の持ち株に追加されます。残高（balances）の更新時には、手数料を差し引いたイーサが売り手の残高に追加されます。しかし、買い手は資金を関数に直接送金しているので、買い手の残高からは差し引かれません。

Solidityでは小数の演算ができないため、分数の手数料はTX_FEE_NUMERATORとTX_FEE_DENOMINATORを用いて計算されます。手数料が1/500で整数の手数料のみ許容されているので、手数料の計算は完全に正確ではなく、また500ウェイ以下の少額取引は手数料を課されずに発注可能です。しかしながら、この数はトランザクションのガス手数料よりずっと小さいため、大きなセキュリティ上の欠陥とはなりません。

発注は部分的に約定可能であり、売り手が注文に応じた株数（amount）が注文の未約定株数から差し引かれます。注文が完全に満たされ未約定株が残っていない場合、注文台帳から注文は削除されます。

全取引ロジックの完了後、取引詳細とともにイベントがログに記録されます。

10.3.4 売り注文に応じた買い

リスト10.6は売り注文に応じるコードで、売り注文に応じるにはユーザーが株を買うことが必要なため、tradeBuyという名前の関数です。

リスト10.6 売り注文に応じる (contracts/PredictionMarket.sol)

```
function tradeBuy (uint orderId) public payable {
    Order storage order = orders[orderId];

    require(now < deadline);
    require(order.user != msg.sender);
    require(order.orderType == OrderType.Sell);
    require(order.amount > 0);
    require(msg.value > 0);
    require(msg.value <= order.amount * order.price);

    uint amount = msg.value / order.price;
    uint fee = (amount * order.price) * TX_FEE_NUMERATOR / TX_FEE_DENOMINATOR;
    uint feeShares = amount * TX_FEE_NUMERATOR / TX_FEE_DENOMINATOR;

    shares[msg.sender] += (amount - feeShares);
    shares[owner] += feeShares;

    balances[order.user] += (amount * order.price) - fee;
    balances[owner] += fee;
    order.amount -= amount;
    if (order.amount == 0)
        delete orders[orderId];

    TradeMatched(orderId, msg.sender, amount);
}
```

売り注文に応じるのは買い注文に応じるのと同様です。株数（amount）をトランザクションに含めるのではなく、買い手はトランザクションと一緒にイーサを送金し、買う株数が自動的に計算されます。前回同様に譲渡分と手数料は計算され分配されますが、今回は株の差し引きが売り注文発注時に起こっているため、売り手の株が差し引かれません。

10.3.5 未約定注文のキャンセル

リスト10.7は注文をキャンセルするコードです。

リスト10.7 注文をキャンセルする (contracts/PredictionMarket.sol)

```
function cancelOrder (uint orderId) public {
    Order storage order = orders[orderId];
```

```
        require(order.user == msg.sender);

        if (order.orderType == OrderType.Buy)
            balances[msg.sender] += order.amount * order.price;
        else
            shares[msg.sender] += order.amount;

        delete orders[orderId];
        OrderCanceled(orderId);
    }
```

　この関数は、キャンセルする注文のIDを指定して呼びます。注文を発注したユーザーのみが注文をキャンセルできます。買い注文については、残っている株のイーサ価格がユーザーの残高へ払い戻されます。売り注文については、残っている株がユーザーの持ち株に戻されます。それから注文が削除され、削除された注文のIDを指すイベントがログに記録されます。

10.4 市場の決定

　ブロックチェーン上の予測市場で行われる決定は、依然として研究が行われている最中の領域です。今回のコントラクトは、単純な単一オラクル決定を利用します。他のシステムとしては、複数オラクル決定とシェリングポイントコンセンサスがあります。あとの2つは理論としては論じますが、コードによる実装は演習として取っておきます。

10.4.1 単一オラクル

　オラクル（oracle：神託）とは、ブロックチェーンネットワーク上のユーザーかプログラムで、ブロックチェーン外の情報をブロックチェーン上にもたらすものです。イーサリアムはHTTPプロトコルのWebや他のブロックチェーンネットワークと直接やり取りできないため、どんな外部情報をブロックチェーン上に持ってくる場合でもオラクルが必要です。単一オラクルシステムはオラクルの最も単純な形式で、単一のユーザーに市場の結果をコントラクトにアップロードする独占的権限が与えられます。コードはリスト10.8にあります。

リスト10.8 単一オラクル決定(contracts/PredictionMarket.sol)

```
function resolve (bool _result) public {
    require(now > deadline);
    require(msg.sender == owner);
    require(result == Result.Open);

    result = _result ? Result.Yes : Result.No;
    if (result == Result.No)
        balances[owner] += collateral;
}
```

取引終了後であり、結果が未決定ならばいつでも、所有者（だけ）が市場の結果を設定可能となっています。この関数は、唯一の引数としてブール値を取ります。引数が true であれば市場はイエスの決定を行い、false であれば市場はノーの決定を行います。市場がノーの決定を行うと、担保が市場の所有者へ支払われます。市場がイエスの決定を行うと、リスト10.9のコードを使いユーザーが支払いを請求できます。

リスト10.9 支払いを請求する (contracts/PredictionMarket.sol)

```
function withdraw () public {
    uint payout = balances[msg.sender];
    balances[msg.sender] = 0;

    if (result == Result.Yes) {
        payout += shares[msg.sender] * 100;
        shares[msg.sender] = 0;
    }

    msg.sender.transfer(payout);
    Payout(msg.sender, payout);
}
```

支払総額は2つの部分のみから成ります。キャンセルされた注文の払い戻しと、株式売却額のイーサが、コントラクトの内部残高（balances）にはすでに記録されています。株の支払いは別に計算されなければならず、市場がイエスの決定を行った場合は持ち株（shares）の1株ごとに100ウェイです。これらが合計がユーザーに支払われてから、ユーザーの分の残高と持ち株が、両方ともゼロになります。支払いが処理されたことをフロントエンドに通知するために、イベントがログに記録されます。

市場所有者も、この関数を通じて手数料と担保を請求可能です。コントラクトのどこかでイーサと株の両方の手数料が市場所有者の残高と持ち株に加えられ、担保は市場所有者の残高に帰します。

10.4.2 複数オラクル

単一オラクルの決定システムには、複数の欠陥があります。決定の誤りは不可逆なため、単一オラクルの権限を持つユーザーの物忘れによって、市場が間違った決定を行うに至る可能性があります。さらに、他の不明なアドレスを通じてオラクルが市場への利害関係を持っていると、決定の正しさではなく自分の利益のためにゲームの決定を行うかもしれません。イーサリアムアドレスの**偽名性**（pseudonymity）によって不正行為者の追跡は困難になっています。

複数オラクルによる決定には、単一オラクルによる決定より少しだけ好都合な点があります。単一のオラクルに結果を決めさせるのではなく、市場の決定の前に複数のオラクルが結果を検証する必要があります。

これを実装する方法の1つはM分のN検証法であり、これはゲームが適切に決定されるためには3分の2または5分の4のオラクルが結果に合意しなければならないというものです。4つか5つのオラクルの賛成が決定に必要な、5オラクルのシステムが望ましい標準です。

公に検証可能な事象については、市場が決定すべき方針に関して疑いはないでしょう。複数オラクルを用いる目的は、ヒューマンエラーと不正を防ぐためであって、曖昧な結果を明確化するためではありません。ヒューマンエラーや単独の不正行為者に対処するには、異議のあるオラクルを1つだけ許容すれば十分です。異議のあるオラクルがそれ以上の数出てくるのは、共謀が行われている兆しである可能性があります。どちらの方向に決定するための閾値も超えてこない市場については、ベストプラクティスは、市場を無効として全員の初期投資を返還することです。

演習10.1では、この複数オラクルシステムを実装します。

演習10.1　複数オラクル

市場が決定するために5つのうち4つのオラクルが合意しなければならないように、`PredictionMarket`コントラクトの決定システムを変更してください。決定できない市場での払い戻しを実装するのはずっと複雑なタスクなので、今のところは省略してもかまいません。

10.4.3 シェリングポイントコンセンサス

シェリングポイント（Schelling point）は、複数オラクルシステムを一般化したものです。固定数の事前決定済みオラクルの代わりに、シェリングポイント決定には誰でも自由に参加できます。ゲーム理論の研究ではシェリングポイントはしばしば**フォーカルポイント**（focal point：焦点）と呼ばれます。

予測市場のシェリングポイントに参加するには、全ユーザーが、市場の決定についての提案として、イエスかノーに0でない量のイーサを賭けます。賭け期間の終わりに、多数票を獲得した側に市場が決定します。賭け金のプールに入った全イーサは、投票の勝者の間で分割されます。市場がイエスに決定すると、ノーに投票している者の賭け金は取り上げられ、イエスに投票した全投票者間で分配されます。

このシステムは、勝者となると考える側に投票する強力なインセンティブを人々に与えます。投票システムが十分に大きく非中央集権化されていれば、共謀は難しくなり、ユーザーは、他者も同様に引き寄せられるであろうと考えられるフォーカルポイントへ引き寄せられます。この場合、フォーカルポイントは市場にとっての正しい決定であり、理論的には、自分自身の利害のために投票している者全員が正しい決定に投票するでしょう。

このシステムには、いくつかの明白な欠陥があります。最大の欠陥は、非常に大きな資金力を持つ市場参加者が、異なるアドレスでたくさんの投票を提出することにより、システムを悪

用する可能性です。誰が投票できるかに関する追加的制約を設けることなしに、ユーザーがイーサリアム内に複数アドレスを生成し、そのアドレスで賭けることを防ぐ手段はありません。このように複数アドレスを用いるブロックチェーンへの攻撃は**シビル攻撃**（Sybil attack）と呼ばれます。

シビル攻撃を防ぐために可能な制約の1つは、市場取引期間終了時に株を持っている市場参加者のみ投票できるようにすることです。残念ながら、支払いを受け取れるために全ユーザーがイエスに投票するよう動機付けされているため、そこでも共謀が大きな問題となります。

ブロックチェーンシステムにおけるシェリングポイント決定は、現時点ではほとんど理論的なものであり大規模にはテストされていません。非中央集権化予測市場を創設したAugur（オーガー： URL https://www.augur.net/）は、「投票可能な者を内部トークン（REP）で決定する」という制約を加えたシェリングポイントによる市場決定を提案しました。この提案は近い将来、イーサリアム上でのシェリングポイントが現実世界でどれだけ有効であるかについてのデータを提供してくれるでしょう。

10.5 まとめ

予測市場は、ユーザーが任意の事象の発生確率に賭けて利益を得られるようにします。今回のスマートコントラクトを使って、ユーザーは予測市場の株を売買でき、市場がイエスの決定をすると各株式には100ウェイが支払われます。

すべての注文、取引、支払いは、イーサリアムのログデータベース内にイベントをログとして記録します。それらのログによってフロントエンドは、Solidity組み込みのゲッター関数だけではできない、コントラクトの完全な状態の測定と、ユーザーへの注文台帳の提示ができます。

今回のコントラクトは、市場の結果を決定するのに単一オラクル決定システムを使いました。単一オラクル決定システムは単純ですが、ヒューマンエラーと不正の影響を受けやすくもあります。複数オラクル決定システムは、市場が正しくない決定を行う可能性を減少させます。複数オラクル決定システムの最も一般化されたバージョンが、シェリングポイントコンセンサスです。シェリングポイントコンセンサスは有望に見えますが、現実世界のコントラクトではまだ実装に成功していません。

次の最終章ではギャンブルの起源にストレートに飛び込んでいき、カジノのゲームを扱います。

ギャンブル

オンラインカジノやギャンブルサイトは、ゲーム内で八百長を行っている場合があるという悪いうわさがあります。それに対してブロックチェーンベースのギャンブルゲームは、ユーザーに、証明可能に公正な確率で、また最小限の入場料（または入場料なし）でゲームをプレイする機会を与えます。本章では2種類のギャンブルゲーム、サトシダイスとルーレットを取り上げます。

11.1 ゲームプレイの制限

カジノゲームは、ブロックチェーンに最適なわけではありません。問題は乱数生成にあります。安全なRNGは、2つのトランザクションが少なくとも1分ほどは間隔が空いていることを要求します。そのため、**ブロックチェーン上**（on-chain）の実装では、1人プレイゲームを超える規模のものは、どんなものであれほぼ不可能です。ブラックジャックやポーカーのような複数ターンのゲームは、ブロックチェーン上にある実装のみを使うと、苦痛なほどに処理が遅く、ほとんど使い物にならないものになります。複数ターンゲームを実行するには、ゲームの**一部がブロックチェーン外**（off-chain）で実行されてから、その結果がブロックチェーンに委ねられる、ハイブリッドなアプローチが必要です。ブロックチェーン外でのゲームは本書の焦点ではないため、本章では単一ターンのゲームに集中します。

11.2 サトシダイス

サトシダイス[訳注1]（Satoshi dice）は、はじめてブロックチェーン上で広く利用されたアプリケーションで、ビットコイン初期のギャンブルゲームです。しばらくの間、サトシダイスはビットコインネットワーク上のトランザクションの半分を占めていました。のちに運営企業は法的問題に陥りましたが、アイデアは生き残り、多くの代替実装が今日でも存在しています。

このゲームの背後にあるアイデアは単純です。ビットコインのトランザクションと一緒に、$0 \sim 65535$（$2^{16}=65536$）の数を提出します。それから、ゲームは秘密のシードを使って同じ範囲の乱数を生成します。生成された数値が提出された数未満なら、ユーザーがお金を獲得します。獲得できるお金の量は、提出された数に依存しています。数が小さければ小さいほど、倍率と支払いは高くなります（32000 = ～2x、16000 = ～4x）。

証明可能に公正なゲームプレイを提供するために、もともとのサトシダイスは賭けを行うアドレスとともに秘密のシードのハッシュをブロックチェーンに公開しました。その後は、過去の賭けが検証できるように、定期的に過去のシードを公開していました。

このゲームを、非中央集権的な、**信頼不要**（trustless）の構成に変換するのがここでの狙い

訳注1 「サトシ」は、ビットコイン考案者サトシ・ナカモトを指す

です。古いシステムの下では、不正が起こっていないことを確実にするために自分の賭けの各回を検証するのはユーザーの責務でした。今回のシステムの下ではマイナー以外の者が不正を働く余地はなく、またマイナーすらも結果に与えられる影響は最小限にとどまるでしょう。

11.2.1 コントラクトの全体像

詳細にわたり論じる前に、リスト11.1は今回の実装のコードを掲載しています。

リスト11.1 サトシダイス(contracts/Gambling.sol)

```
contract SatoshiDice {
    struct Bet {
        address user;
        uint block;
        uint cap;
        uint amount;
    }

    uint public constant FEE_NUMERATOR = 1;
    uint public constant FEE_DENOMINATOR = 100;
    uint public constant MAXIMUM_CAP = 100000;
    uint public constant MAXIMUM_BET_SIZE = 1e18;

    address owner;
    uint public counter = 0;
    mapping(uint => Bet) public bets;

    event BetPlaced(uint id, address user, uint cap, uint amount);
    event Roll(uint id, uint rolled);

    function SatoshiDice () public {
        owner = msg.sender;
    }

    function wager (uint cap) public payable {
        require(cap <= MAXIMUM_CAP);
        require(msg.value <= MAXIMUM_BET_SIZE);
        counter++;
        bets[counter] = Bet(msg.sender, block.number + 3, cap, msg.value);
        BetPlaced(counter, msg.sender, cap, msg.value);
    }

    function roll(uint id) public {
        Bet storage bet = bets[id];
        require(msg.sender == bet.user);
        require(block.number >= bet.block);
        require(block.number <= bet.block + 255);
```

```
        bytes32 random = keccak256(block.blockhash(bet.block), id);
        uint rolled = uint(random) % MAXIMUM_CAP;
        if (rolled < bet.cap) {
            uint payout = bet.amount * MAXIMUM_CAP / bet.cap;
            uint fee = payout * FEE_NUMERATOR / FEE_DENOMINATOR;
            payout -= fee;
            msg.sender.transfer(payout);
        }
        Roll(id, rolled);
        delete bets[id];
    }

    function fund () payable public {}

    function kill () public {
        require(msg.sender == owner);
        selfdestruct(owner);
    }
}
```

このコントラクトは、賭けの情報を含む独自のBet構造体を定義しています。この構造体はユーザーのアドレス（user）、ブロックハッシュが抽出されるブロック番号（block）、賭けに伴って提出された賭け対象となる上限数（cap）、賭けの量（amount）を含みます。

11.2.2 定数

このコントラクトには4つの定数があります。

♠ FEE_NUMERATOR

手数料の分子の部分です。手数料は1%に設定されています。

♠ FEE_DENOMINATOR

手数料の分母部分です。

♠ MAXIMUM_CAP

賭けに伴って提出できる上限数（cap）の最大値です。元のサトシダイスでは、この値は2バイトに収まるよう2^{16}でした。ここでは整数型が使えるため、もっと好ましい数100000（10^5）に設定します。

♠ MAXIMUM_BET_SIZE

1回の賭けで賭けられる賭け金の最大値です。この値はほとんど、過失で多すぎるお金を賭けてしまうユーザーの誤りを防ぐためにあるようなものです。

この値は、勝った賭けの賞金が支払われることを**保証しません**。賭けを行う前にコントラクトが賞金支払いを全部行うのに十分な資金を保有していることを確認するのは、ユーザーの義務です。コントラクトが賞金を支払えない場合、コントラクトが支払いを行うのに十分なイーサを蓄積するまでユーザーは待つ必要があります。

手数料を含めているため、コントラクトの残高はゆっくりではあるにせよ増加することが保証されています。

11.2.3 ステート変数

コントラクト状態の複雑な部分のほとんどはBet構造体の中に包含されているため、ステート変数は3つだけです。

♠ owner

コントラクト作成者を表す変数です。コントラクト終了のためだけに使われます。コントラクト作成者は特別な権限を他に何も持ちません。

♠ counter

一意なIDを割り当てるのに使う、1ずつ増加するカウンターです。

♠ bets

賭けのIDとBet構造体とを対応付ける`mapping`です。

11.2.4 イベント

フロントエンド処理用に、イベントも2つあります。`BetPlaced`イベントは賭けを行ったときのイベントで、`Roll`イベントは賭けの結果が決定したときのイベントです。

11.2.5 ゲームプレイ

コントラクトには2つの主要な関数があります。賭けを行ってRNG用に目的のブロック番号を特定する関数と、乱数生成によって賭けの結果を決定する関数です。

♠ 賭けの実行

リスト11.2に賭けを行うwager関数を掲載します。

リスト11.2 サトシダイスに賭けを行う(contracts/Gambling.sol)

```
function wager (uint cap) public payable {
    require(cap <= MAXIMUM_CAP);
    require(msg.value <= MAXIMUM_BET_SIZE);
    counter++;
    bets[counter] = Bet(msg.sender, block.number + 3, cap, msg.value);
    BetPlaced(counter, msg.sender, cap, msg.value);
}
```

wager関数はcap（賭け対象となる上限数）を引数として取り、賭け金のイーサを受け取ります。capはMAXIMUM_CAP未満でなければならず、イーサの値はMAXIMUM_BET_SIZE未満でなければなりません。counterは新ID生成のために1増加され、それから新しいBet構造体がステート変数betsに保存されます。RNGのブロック番号は、ブロックハッシュが不明となるのに十分な3ブロック先に設定されています。

♠ サイコロを振る

2番目の重要な関数はroll関数です（リスト11.3）。この関数はサイコロを「振り（roll）」、賭けを行ったときにRNGに指定したブロックのブロックハッシュを使って賭けの結果を決定します。

リスト11.3 サトシダイスの賭けの結果を決定する(contracts/Gambling.sol)

```
function roll(uint id) public {
    Bet storage bet = bets[id];
    require(msg.sender == bet.user);
    require(block.number >= bet.block);
    require(block.number <= bet.block + 255);

    bytes32 random = keccak256(block.blockhash(bet.block), id);

    uint rolled = uint(random) % MAXIMUM_CAP;
    if (rolled < bet.cap) {
        uint payout = bet.amount * MAXIMUM_CAP / bet.cap;
        uint fee = payout * FEE_NUMERATOR / FEE_DENOMINATOR;

        payout -= fee;
        msg.sender.transfer(payout);
    }

    Roll(id, rolled);
```

```
        delete bets[id];
}
```

　関数がどの賭けの結果を決定すればよいか知るために、関数呼び出しには賭けのIDが含められなければなりません。賭けを始めたユーザーだけが賭けのためにサイコロを「振る」ことができ、そのユーザーは賭けを行ってから3ブロック待たないとサイコロを振れません。ユーザーは、賭けを行ったときにRNGとして指定されたブロック（bet.block）から255ブロック以内にroll関数を発動しなければ、賭けの権利を失います。これは、Solidityが直近のブロックハッシュを256個しか保存していないためで、それ以上長く待つとブロックハッシュが常に0x0の決定論的なサイコロ振りになってしまいます。

　指定されたブロックのブロックハッシュと、賭けIDを使って疑似乱数が生成されます。賭けIDはそれぞれの賭けに対して特有のものなので、2つの賭けが同じ疑似乱数を生成することはありません。生成されたランダムなバイト列は許容範囲内に収まる「サイコロ振り」の数に変換されます。振り出された数（rolled）が賭け対象の上限数（bet.cap）未満の場合、ユーザーは支払いを受け取ります。

♠ 支払い

　支払い（payout）を計算するには、賭け金の数量（bet.amount）に、上限値（MAXIMUM_CAP）と賭け対象の上限数（bet.cap）との比率を掛け合わせます。上限値は固定なので、賭け対象の上限数が小さくなればなるほど、倍率は高くなります。コントラクトが徐々により大きな賭けを受け入れられるように、賭けるたびに1%の手数料が徴収されます。手数料はコントラクトに留保され、支払いの残り分がユーザーに送金されます。

　賭けの結果が決定されたあと、賭けは削除されます。これによってユーザーが賞金支払いを二重請求することを防ぎ、ブロックチェーンから不要なデータを除去します。削除された構造体は各メンバーをそのデータ型のゼロ値に設定します。つまり、削除された賭けのユーザーはゼロアドレスとなります。削除された賭けのIDを引数として関数が呼び出されると、msg.senderが賭けを行ったユーザーかどうか検証を試みる処理の中でmsg.senderをゼロアドレスと比較することになり、条件が常に不成立のため、エラーがスローされます。

♠ その他の関数

　コントラクトにはさらに2つの単純な関数が含められています。コントラクト所有者がコントラクトを自己解体させ、手数料を回収できるようにするために、標準的なkill関数があります。コントラクトへの入金用のpayable関数fundもあります。手数料が蓄積し始める前に、最初の賭けの賞金支払いができるように、コントラクトには十分なイーサが入金されていなければなりません。

メインネット上でサトシダイスをプレイしたいなら、演習11.1で可能です。

> #### 演習 11.1　自分のサイコロを振れ
>
> 今回のサトシダイスのコントラクトの1バージョンを、イーサリアムのメインネットへデプロイしました。次のURLが、そのコントラクトのイーサスキャン上のページです。
>
> URL　https://etherscan.io/address/0x55283a2f07be1b95e1e417af7efaab6750fedd0d
>
> ゲームをプレイし、コントラクトのハックを試みてください。どんなハックであれ、お好きなように試してください。手数料のイーサはコントラクト内に蓄積されていき、誰かがコントラクトのハックに成功したら、イーサはその人のものです。ハックの責任は追求しません。

11.3　ルーレット

ルーレット（Roulette）は、ブロックチェーンでの実装に上手く翻訳できる、古典的なカジノゲームです。伝統的に、このゲームには、賭けを行う段階と、賭けの結果が決定されるルーレットを回す段階とがあります。今回のコントラクトではその構成を再現しました。

ルーレットを回す前に、ユーザーは、「色」についての賭けか「数字」についての賭けを実行できます。伝統的にはルーレット卓は、高い／低い、奇数／偶数、スプリット（split：隣り合う2つの数字に賭けること）や、その他のより広範な種類の賭けを許容していますが、それらの追加的な賭けの種類の実装は、演習として読者に取っておいてあります。

11.3.1　コントラクトの全体像

リスト11.4はルーレットのコントラクト全体です。第5章に既存のRouletteという名のコントラクトがあるため、衝突を避けるためにこのコントラクトはCasinoRouletteという名前にしました。

リスト11.4　ルーレットのコントラクト(contracts/Gambling.sol)

```
contract CasinoRoulette {
    enum BetType { Color, Number }

    struct Bet {
        address user;
        uint amount;
        BetType betType;
        uint block;
```

```solidity
        // @prop choice: 解釈は BetType に基づく
            // BetType.Color: 0=黒，1=赤
            // BetType.Number: 個別の数としては -1=00，0-36
        int choice;
}

uint public constant NUM_POCKETS = 38;
// RED_NUMBERS と BLACK_NUMBERS は定数だが、
// Solidity は配列定数をまだサポートしないため、
// storage 配列を代替として使用
uint8[18] public RED_NUMBERS = [
    1, 3, 5, 7, 9, 12,
    14, 16, 18, 19, 21, 23,
    25, 27, 30, 32, 34, 36
];
uint8[18] public BLACK_NUMBERS = [
    2, 4, 6, 8, 10, 11,
    13, 15, 17, 20, 22, 24,
    26, 28, 29, 31, 33, 35
];
// ホイール番号と色を対応付け
mapping(int => int) public COLORS;

address public owner;
uint public counter = 0;
mapping(uint => Bet) public bets;

event BetPlaced(address user, uint amount, BetType betType,
    uint block, int choice);
event Spin(uint id, int landed);

function CasinoRoulette () public {
    owner = msg.sender;
    for (uint i=0; i < 18; i++) {
        COLORS[RED_NUMBERS[i]] = 1;
    }
}

function wager (BetType betType, int choice) payable public {
    require(msg.value > 0);
    if (betType == BetType.Color)
        require(choice == 0 || choice == 1);
    else
        require(choice >= -1 && choice <= 36);
    counter++;
    bets[counter] = Bet(msg.sender, msg.value, betType,
                        block.number + 3, choice);
    BetPlaced(msg.sender, msg.value, betType, block.number + 3,
            choice);
}
```

```
function spin (uint id) public {
    Bet storage bet = bets[id];
    require(msg.sender == bet.user);
    require(block.number >= bet.block);
    require(block.number <= bet.block + 255);
    bytes32 random = keccak256(block.blockhash(bet.block), id);
    int landed = int(uint(random) % NUM_POCKETS) - 1;

    if (bet.betType == BetType.Color) {
        if (landed > 0 && COLORS[landed] == bet.choice)
            msg.sender.transfer(bet.amount * 2);
    }
    else if (bet.betType == BetType.Number) {
        if (landed == bet.choice)
            msg.sender.transfer(bet.amount * 35);
    }

    delete bets[id];
    Spin(id, landed);
}

function fund () public payable {}

function kill () public {
    require(msg.sender == owner);
    selfdestruct(owner);
}
}
```

11.3.2 独自データ型

サトシダイス同様に、ルーレットもBet構造体を含みます。Bet構造体はサトシダイス同様にuser、amount、blockを追跡しますが、betTypeとchoiceの2つのフィールドを追加で含みます。betTypeは、コントラクトの先頭に定義された列挙型で、今のところ受容される2つの値としてColor（色）とNumber（数字）があります。Colorの賭けで当たると2倍、Numberの賭けで当たると35倍の賞金支払いになります。本節の終わりの演習で、賭けの種類をさらに追加する作業が読者に任されています。

choiceプロパティには各betTypeについて異なる許容値があります。BetType.Colorについては、choiceは、黒を表す0か、赤を表す1でなければなりません。BetType.Numberについては、ダブルゼロ（00）を表す-1か、ルーレットのホイールの数字0〜36を表す0〜36を入れられます。

11.3.3 定数

コントラクトは定数1つと、値を変えない疑似定数を3つ含みます。

♠ NUM_POCKETS

ルーレットのホイールのポケット数（38）です。

♠ RED_NUMBERS

ルーレットのホイールの赤色ポケットに対応する数字です。Solidityは配列定数をサポートしないため、代わりに`public`の定数ではないフィールドに保持します。

♠ BLACK_NUMBERS

ルーレットのホイールの黒色ポケットに対応する数字です。

♠ COLORS

ルーレットのホイールの数を色に対応付ける`mapping`です。許容されている値は黒を表す0と赤を表す1の2つです。この`mapping`は新しい情報を何も保持しませんが、色のチェックのロジックをずっと簡単に実行できるようにします。

11.3.4 変数とイベント

このコントラクトには、3つのステート変数と2つのイベントがあります。それらは、サトシダイスのステート変数ならびにイベントとまったく同じであるため、ここで再度解説はしません。注意すべき唯一の小さな差異は、サトシダイスで`Roll`という名のイベントだったものが、ここでは`Spin`と名前を変更されていることです。

11.3.5 コンストラクター

リスト11.5に載せたコンストラクター関数は、`COLORS`疑似定数を初期化します。

リスト11.5 CasinoRouletteのコンストラクター（contracts/Gambling.sol）

```
function CasinoRoulette () public {
    owner = msg.sender;
    for (uint i=0; i < 18; i++) {
        COLORS[RED_NUMBERS[i]] = 1;
    }
}
```

```
        }
```

COLORS疑似定数は、赤の数のリストをループ処理しその値をすべて1に設定することで初期化されます。COLORSは、ルーレットを回すロジック内で数字の色を決定するために、あとで役立ちます。

11.3.6 ゲームプレイ

♠ 賭けの実行

ゲームプレイに関する2つの主要な関数の1番目は、リスト11.6のwager関数です。

リスト11.6 ルーレットに賭ける(contracts/Gambling.sol)

```
function wager (BetType betType, int choice) payable public {
    require(msg.value > 0);
    if (betType == BetType.Color)
        require(choice == 0 || choice == 1);
    else
        require(choice >= -1 && choice <= 36);
    counter++;
    bets[counter] = Bet(msg.sender, msg.value, betType, block.number + 3, choice);
    BetPlaced(msg.sender, msg.value, betType, block.number + 3, choice);
}
```

賭けの種類と、選択した色か数字とを指定することで賭けを行えます。賭けのトランザクションはゼロではないイーサ金額を含み、指定された賭けの種類に応じた制約下の数値範囲内でなければなりません。新しい賭けをコントラクトのステート変数とログに保存する前に、新しいIDを生成するためカウンターは1増加されます。ルーレットを回すRNGのブロックは、3ブロック先の未来に設定されています。

♠ ホイールを回す

3ブロックの待ち期間完了後、ユーザーはルーレットのホイールを回して (spin) 賭けの結果を決定できます (リスト11.7)。

リスト11.7 ルーレットの賭けの結果を決定する(contracts/Gambling.sol)

```
function spin (uint id) public {
    Bet storage bet = bets[id];
    require(msg.sender == bet.user);
    require(block.number >= bet.block);
    require(block.number <= bet.block + 255);
    bytes32 random = keccak256(block.blockhash(bet.block), id);
```

```
        int landed = int(uint(random) % NUM_POCKETS) - 1;

        if (bet.betType == BetType.Color) {
            if (landed > 0 && COLORS[landed] == bet.choice)
                msg.sender.transfer(bet.amount * 2);
        }
        else if (bet.betType == BetType.Number) {
            if (landed == bet.choice)
                msg.sender.transfer(bet.amount * 35);
        }

        delete bets[id];
        Spin(id, landed);
    }
```

賭けを行ったユーザーだけが、賭けの結果を決定できます。ブロックハッシュが有効であるように、賭けブロック（`bet.block`）を通過したあと、賭けブロックの255ブロック以内にユーザーはルーレットのホイールを回さなければなりません。

この関数の最も巧妙な部分は、乱数生成です。指定されたブロックのブロックハッシュとIDを使って、ランダムなバイト列（`random`）が生成されます。賭けの間はブロックハッシュは未知で、IDは一意なので、出力されるバイト列は推定不可能であり、かつそれぞれの賭けについて一意です。

ランダムなバイト列をルーレットホイール上のポケットに変換するには、まずバイト列を`uint`に変換し、それから剰余演算により0〜37の範囲の数字に収めます。その数値を符号付き`int`に変換してから、ルーレットのポケットの数字に合わせるために1減少させ、-1の値は00のポケットを表します。

このような処理順となっているのは、剰余演算を負の数に適用すると結果も負の数となってしまうため、剰余演算の前にバイト列を符号付き`int`に直接変換できないからです。剰余演算が正の数を確実に返すようにするには、まずバイト列を符号なし整数（`uint`）にキャストしなければなりません。そのあとで、-1の値を必要なら取れるように、剰余演算の出力は符号付き整数に再度キャストされなければなりません。

♠ 払い出し

当たりポケットの決定後、賭けの種類に応じて支払いが給付されます。色についての賭けについては、当たりポケットの色が賭けで選択した色と同じなら、ユーザーは2倍の支払いを受け取ります。数字についての賭けについては、当たりポケットが賭けで選択した数字と同じなら、ユーザーは35倍の支払いを受け取ります。

支払い実行後、支払いを再度請求できないように、賭けは削除されます。

♠ その他の関数

コントラクトは他に2つの関数を持ち、1つはコントラクトへの入金用で、もう1つはコントラクト終了用です。それらの関数はサトシダイスと同じためここで再掲はしません。

演習11.2ではルーレットのコントラクトにさらに機能を追加する機会があります。

演習 11.2　ルーレットでの賭けの多様性

これまでのところ、ルーレットのコントラクトは数字と色についての賭けのみを受容できます。奇数／偶数についての賭け、高い／低い（High/Low）についての賭け、そして他のどんなものでも読者が追加したい賭けの種類を受容できるよう、コントラクトを変更してください。

11.4　まとめ

イーサリアムのギャンブルゲームには、確率とゲームプレイとが証明可能に公正であるという効果があります。本章ではイーサリアム上での非中央集権的プレイ用にサトシダイスとルーレットゲームのコントラクトを作成しました。どちらのゲームもゲームプレイとは別に賭け期間がある、1回限りのゲームであるため、ブロックチェーンでのゲームプレイによく適合しています。

ついに本書の終わりまで到達しました。Solidityの基本を扱い、コントラクトのセキュリティの複雑で精緻な深部に潜り、全体を通してブロックチェーン上でプレイ可能な、次第に複雑化するイーサリアムのゲーム群を連続して書いてきました。本書のコントラクトと演習とを上手くこなしてきた読者は、最高レベルでスマートコントラクト開発に取り組める知識を持った、能力あるSolidity開発者として自負できます。おめでとうございます、そして読者による今後のSolidityをめぐる試みの健闘を祈ります！

参考文献

- Buterin, Vitalik. Vitalik Buterin's website. `URL` https://vitalik.ca/
- Daniel BC. Ethereum Blockchain Size. `URL` http://bc.daniel.net.nz/
- Dannen, Chris. *Introducing Ethereum and Solidity: Foundations of Cryptocurrency and Blockchain Programming for Beginners.* Apress, 2017.
- Ethereum Foundation. Ethereum Foundation Blog. `URL` https://blog.ethereum.org/
- Ethereum Research. Technical Discussion Forum for Ethereum Research. `URL` https://ethresear.ch/
- Etherscan. The Ethereum Block Explorer. `URL` https://etherscan.io/
- GitHub. Ethereum Improvement Proposals repository. `URL` https://github.com/ethereum/EIPs/
- GitHub. Mocha Test Framework. `URL` https://github.com/mochajs/mocha/
- GitHub. Truffle Framework. `URL` https://github.com/trufflesuite/truffle/
- GitHub. Web3 JavaScript API. `URL` https://github.com/ethereum/wiki/wiki/JavaScript-API/
- Medium. ConsenSys Medium Blog. `URL` https://media.consensys.net/@ConsenSys/
- Parity Technologies. Parity Ethereum Client. `URL` https://www.parity.io/
- Reddit. Ethereum Sub-Reddit. `URL` http://reddit.com/r/ethereum/
- Solidity. Developer Documentation. `URL` http://solidity.readthedocs.io/
- StackExchange. Explore our Question. `URL` https://ethereum.stackexchange.com/
- Truffle Framework. Ethereum Development Framework. `URL` http://truffleframework.com/
- YouTube. *"Crockford on JavaScript—Chapter 2: And Then There Was JavaScript." History of JavaScript.* September 20, 2011. `URL` https://www.youtube.com/watch?v=RO1Wnu-xKoY#t=430
- Zeppelin Solution. Zeppelin Blog. `URL` https://blog.zeppelin.solutions/

索引

記号・数字
| | ｜ | 73 |
_; | | 77 |
{ } | | 67 |
51%攻撃 | | 117, 121 |

A/B/C
ABI 11, 50, 70
address 71
address.call.value関数 92
address.send関数 92, 133
address.tranfer関数 92
address.transfer関数 133
assert関数 81
bool 71
bytes 71
Casper 118
Chai 65
CoinDash 112
constant 48, 69

D/E/F
DAG 117
DAO攻撃 110
dapp 7
days 79
deployer.deploy関数 61
else 67
else if 67
Embark 58
enum 72
Eth 28
ether 80
event 78
EVM 5, 66
　ワードサイズ 66
external 68
finney 80
for 67
Frontierメインネット 125
function 68

G/H/I
Ganache
　プライベートブロックチェーン 51, 59

Ganache CLI 28
geth
　Rinkeby（テストネット）............................... 33
　RPCモード 33
　サイレントモード 33
　同期モード 36
　トランザクション 43
　ポート 34
Geth 27
git 24
　.gitignoreファイル 54
　プッシュ時の注意点 53
GitHubリポジトリ 24
GovernMental 113, 145
　ルール 146
Gwei 45
Homebrew 23
hours 79
ICO 15, 112
if 67
int 71
internal 68
is 76

K/L/M/N
Keccak256 10
Kekkac256 66
kill関数 48, 76
Kovan（テストネット）............................. 37, 118
Linux 21
macOS 22
mapping 72
　値 72
　キー 72
memory 75, 163
minutes 79
Mocha 60, 65
Morden（テストネット）.......................... 37, 125
msg.senderプロパティ 80, 108
msg.valueプロパティ 81
Node.js 25
now 79
NPV 120
nullアドレス 11, 45, 90

O/P/R	
Olympic（テストネット）	37, 125
P2P	82
Parity	28
passwordファイル	54
payable	91, 92
payable 修飾子	69
PoA	118
PoS	118
PoW	3, 116
private	68, 86
public	48, 68
pure	69, 170
require関数	81
revert関数	81
Rinkeby（テストネット）	33, 35, 37, 42, 59, 118, 126
RNG	103, 154
Ropsten（テストネット）	37, 125
RPC	25, 82

S/T/U	
seconds	79
solc	
solcjs	48
最適化	60
Solidity	11, 12
型付け言語	12
関数	68
コンパイラー	25
テスト	65
storage	75, 163
string	72
struct	73
szabo	80
Truffle	29, 58
compileコマンド	63
exec scriptコマンド	64
migrateコマンド	52, 63
スクリプト実行	64
設定ファイル	59
テスト	65
テストネット	52
デプロイされたコントラクトへのアクセス	63
マイグレーション（デプロイ）	51
マイグレーションファイル	51
truffle developコマンド	30, 52, 63
truffle execコマンド	64
truffle migrateコマンド	62
truffle testコマンド	65
tx.originプロパティ	80, 108
uint	71
UNIXタイムスタンプ	79

V/W/Y	
view	69
Web 3.0	7
web3.js	25, 40
weeks	79
wei	43, 80
while	67
years	79
yield	77

ア行	
アカウント	10
残高	10
ナンス	10
アドレス	
存在しない〜	89
無効な〜	89
アドレス型	71
アプリケーション・バイナリ・インターフェイス(ABI)	11
アンクルブロック	3
暗号経済学	116
暗号破り	123
アンダー／オーバーフロー	105
イーサ(ether)	3, 80
取得	41
イーサスキャン	14
イーサッシュ	3, 117
イーサリアム	
クライアント	27
プロトコル	82
イーサリアム仮想マシン(EVM)	5
一時停止可能	102
一方向関数	123
イニシャル・コイン・オファリング(ICO)	15
イベント	77
インセンティブ	120
ウェイ(wei)	43, 80
ウォレット	13
一覧	32
作成	40
残高確認	43
エスクロー決済	9
エミュレーション	5
エラー処理	81
演算子	
算術〜	78
オプコード	4
オペレーティングシステム	21
オラクル	213
単一	213
複数	214
オンラインカジノ	218

索引 | 233

カ行

外部アカウント 10
カウンターパーティリスク 16
可視性修飾子
    関数〜 68
    変数〜 74
ガス 4, 45
    払い戻し 66
カスタムトークン 15
ガス手数料 66
    オプコードによる違い 66
仮想マシン 5
型
    mapping 72
    アドレス〜 71
    構造体 73
    整数〜 71
    ゼロ値 73
    バイト〜 71
    配列 73
    ブーリアン〜 71
    列挙〜 72
カモ（被害者） 130
関数 68
    可視性修飾子 68
    修飾子 76
    ステートパーミッション修飾子 69
    フォールバック〜 69
    複数の値を返す 68
    呼び出し 68
偽名性 214
ギャンブルゲーム 218
切り捨て 106
グウェイ（Gwei） 45
グローバル組み込み関数 81
グローバル組み込み変数 80
継承 76
ゲッター関数 74
コインエイジ 118
コインベーストランザクション 3
構造体 73
公表 167, 171
公約 167, 170
公約-公表パズル 192
固定小数点数 71
固定長配列 73
コンセンサス 119
    ルール 121
コンセンサスルール 2
コントラクト 75
    ABI 50
    Hello World 47
    アドレス 50

    継承 76
    コンパイル 48
    自己解体 48, 91
    テスト 65
    デプロイ 49

サ行

再入可能性攻撃 98
サトシダイス 218
算術演算子 78
残高
    確認 43
シェリングポイント 215
時間単位 79
自転車操業詐欺 130
修飾子 76
小数 106, 132
正味現在価値（NPV） 120
証明可能な公正 16
信頼不要 218
ステートツリー 2, 6
    ストレージ 75
ステートパーミッション修飾子 69
ステート変数 74
ストレージ 75
    手数料 70
スパム送信（攻撃） 122
制御フロー 9, 67
整数型 71
整数除算 79, 106
ゼロアドレス 90
ゼロ値 73
ソフトフォーク 2, 119
ソルト 123

タ行

単一オラクル 213
単純データ型 6
チェックサム 90
定数 48
データ
    型 71
    操作 70
    復号 88
    符号化 87
    プライベート 86
    保存場所 75
テキストエディター 23
テストネット 33, 35, 52, 59
デプロイ 29, 49
    手動 48
動的配列 73
トークン 15

カスタム〜	15
トークンセールス	15
トランザクション	2, 43
dataフィールド	45
fromフィールド	44
gasPriceフィールド	45
gasフィールド	45
nonceフィールド	45
toフィールド	45, 90
valueフィールド	45
総コスト	46
手数料	120, 121
トランザクション手数料	4
トランザクションレシート	63

ナ行

難易度爆弾	117
ナンス	10, 45
ニブル	87
ネズミ講	130
ネットワーク難易度	3, 121
ノード	2

ハ行

ハードウエア要件	20
ハードフォーク	2, 119
バイト型	71
.lengthプロパティ	71
バイトコード	49
配列	73
.lengthプロパティ	73
.push関数	73
固定長	73
動的	73
ハッシュ化アルゴリズム	123, 188
パブリックキー	10
パワーボール	173
ピア・トゥ・ピア(P2P)	82
ビザンティウムハードフォーク	3
非対称鍵暗号	10
ビットコイン	9
ピラミッドスキーム	130, 139
フィアット通貨	37
ブーリアン型	71
フォーカルポイント	215
フォーク	2, 119
ソフト〜	2, 119
ハード〜	2, 119
フォーセット	37
Rinkeby (テストネット)	42
フォールバック関数	69
複雑データ型	6
浮動小数点数	71

プライベートキー	10
シード	89
バックアップ	89
フルアーカイブノード	36
プルーフ・オブ・オーソリティ(PoA)	118
プルーフ・オブ・ステーク(PoS)	118
プルーフ・オブ・ワーク	3
プルーフ・オブ・ワーク(PoW)	116
フルノード	36
プログラム	4
プロセッサー	4
ブロック	2
エクスプローラー	14
検証ルール	119
高度	14
数	162
ブロックチェーン	2
ブロックチェーン外	188, 218
ブロックチェーン上	218
ブロック報酬	3, 120
フロントランニング	109
変数	74
可視性修飾子	74
ポンジスキーム	130, 136

マ行

マイグレーション(デプロイ)	31, 51, 60
deployer (引数)	51, 61
network (引数)	61
マイグレーションファイル	61
マイニング	2
マルチシグ	13
Parity	111
命令	4
メインネット	11, 35, 59
メモリ	75

ヤ行

有向非巡回グラフ(DAG)	117
予測市場	202

ラ行

ライトノード	36
乱数生成(〜器)	103, 154
リプレイ攻撃	124
ルーレット	224
レースコンディション	101
レジャー	13
列挙型	72
ローカル変数	74

ワ行

ワイアプロトコル	82

訳者について

久富木 隆一（くぶき・りゅういち）

1976年、鹿児島県生。1999年、東京大学法学部卒。ソフトウェアエンジニアとしてモバイルゲーム開発に従事後、アマゾンジャパン合同会社にてシニアソリューションアーキテクトとしてAmazonアプリストアの開発者向けコンサルティングを行う。著書に『ゲームアプリの数学 Unityで学ぶ基礎からシェーダーまで』(SBクリエイティブ)。Twitter: @ryukbk

装丁・本文デザイン	轟木亜紀子（株式会社トップスタジオ）
ＤＴＰ	株式会社トップスタジオ
編　　集	山本 智史
レビュー協力	北條 真史

ブロックチェーン dapp＆ゲーム開発入門
Solidityによるイーサリアム分散アプリプログラミング

2019年 3月18日　初版 第1刷発行

著　　者	Kedar Iyer（ケダー・アイアー）
	Chris Dannen（クリス・ダネン）
訳　　者	久富木 隆一（くぶき・りゅういち）
発 行 人	佐々木 幹夫
発 行 所	株式会社 翔泳社（https://www.shoeisha.co.jp）
印刷・製本	株式会社 加藤文明社印刷所

※本書は著作権法上の保護を受けています。本書の一部または全部について（ソフトウェアおよびプログラムを含む）、株式会社 翔泳社から文書による許諾を得ずに、いかなる方法においても無断で複写、複製することは禁じられています。

※本書へのお問い合わせについては、iiページに記載の内容をお読みください。

※乱造本には細心の注意を払っておりますが、万一、乱丁（ページの順序違い）や落丁（ページの抜け）がございましたら、お取り替えいたします。03-5362-3705までご連絡ください。

ISBN978-4-7981-5968-3　　　　　　　　Printed in Japan